대한민국 감동여행 Best 27

이덴슬리벨

길안내　　출발에서 도착까지 팁만 따라오세요!
　　　　　여행지의 현지 교통까지, 행복으로 가는 GPS!

숙박　　　하루를 자도 내집처럼 포근한 곳에서....

식당　　　여행에서 먹거리를 빼놓을 수는 없겠죠?!
　　　　　나와라 뚝딱 맛있는 먹거리~!
　　　　　여행지별 식당의 추천메뉴도 꼭 확인하세요.

감동음악　눈으로 보는 여행, 입이 즐거운 여행....
　　　　　여기에 하나 더! 귀가 행복한 여행을 만들어 보세요.
　　　　　여행 떠나시기 전에 추천음악을 준비해 보세요.
　　　　　여행의 감동이 훨씬 커질 테니까요!

대한민국 감동여행

사진·글 류동규

Best 27

글머리에서 뜬금없이 행복이라는 단어를 생각해 봅니다. '인생에서 궁극의 목표는 행복한 삶이 아니겠어?' 라는 물음에 동의 합니다. 많은 사람들이 저마다 행복한 삶을 추구합니다. 소박한 가정에서 행복을 꿈꾸는 사람, 많은 부를 얻는 것에서 행복을 찾는 사람... 저는 많은 여행을 통해서 행복을 찾습니다. 지금 이 순간 역시, 부족하지만 즐겁고 기뻤던 시간들을 한권의 책으로 엮어서 세상에 내놓는다는 사실에 또 한번 흥분과 행복을 느낍니다.

아마 초등학교 입학하기 전 일곱 살 때였던 것 같습니다. 동네 아주머니 몇몇이 우리 집에 놀러 오셔서 어머니와 담소를 나누시다가 데리고 온 또래 아이들에게 커서 뭐가 될 거냐고 물었던 기억이 납니다. 다른 아이들은 의사, 군인, 경찰, 이러한 사람이 되겠다고 했던 것 같습니다. 제 차례가 됐을 때 저는 주저 없이 운전수요, 라고 대답했습니다. 그때 어머니께서 얼마나 화를 내셨던지 조그만 아이는 금세 울음보를 터트리고 말았지요. 어머니의 불같은 역정 때문인지 30년이 지난 지금도 또렷이 그때의 상황이 기억납니다.

아마 어머니께서는 더 근사하고 멋진 직업을 기대하셨던 것 같습니다. 하기야 대학을 졸업하고 나서도 늘 하시는 말씀이 공무원이나 하지 무슨 관광경영이냐고 탐탁해 하지 않으셨으니까요. 하지만 지금은 가장 큰 후원자이자 현재의 내 삶을 누구 못지않게 큰 박수로 응원해 주고 계셔서 고맙기만 할 따름입니다. 그렇습니다. 어릴 적 버스를 몰고 다니는 꿈을 꾸었던 아이가 30여 년이 지난 지금 버스기사님들과 떼래야 뗄 수 없는 일을 하고 있으니 운명적 직업선택이 아니었나 싶습니다.

한 평생 살아가면서 수많은 일들이 벌어질 것입니다. 때로는 기쁜 일이, 때로는 죽고 싶을 정도로 삶이 힘들고 어려운 시기도 닥칠 것입니다. 이 책이 그러한 때 여러분께 힘이 되기를 바랍니다. 그저 흔한 여행지일지라도 진심을 담아 불러본다면 감동으로 다가올 것입니다.

바람처럼 돌아다니고 싶습니다. 누군가의 말처럼 많이 외롭겠지만 자유롭기에 바람 같은 인생을 살고 싶은 것이겠지요. 아마 의식을 깨우고 일상을 흔드는 한 점의 바람이 없었다면 세상은 발전하지 않았을 것입니다. 먼 훗날 따뜻한 미소를 지을 수 있는 잔잔하고 정이 묻어나는 '바람'이고 싶습니다.

늘 떠날 수 있게끔 넉넉한 마음으로 후원해준 아내, 여행이라는 열정하나로 항상 열심히 일해 주는 테마캠프 직원들, 그리고 이 시간에도 어디에선가 땀을 뻘뻘 흘리며 좀더 감동적인 여행을 만들기 위해 온 정성으로 안내하고 있을 수많은 여행 가이드 분들께 이 책을 바칩니다.

광화문에서, 류동규

Season One

Spring 봄

Season Two
여름
Summer

Season Three
가을
Autumn

Season Four

겨울

Winter

Season
One

Spring

봄

사랑하는 사람에게
미안하다 말하고 싶을 때...

애틋한 **사랑**을 간직한
안면도 꽃지해변

부부싸움은 칼로 물 베기라고 한다. 그래도 싸움이 잦아지면 왠지 불안하다. 하기야 전혀 다른 환경에서 수십 년을 산 사람들이 함께 살려고 하니 얼마나 많은 마찰이 생기겠는가. 거제도 몽돌이나 백령도 콩돌처럼 인생을 살 필요도 있다. 수만 년 밀려오는 파도에 씻기어 맨들맨들해진 자갈들은 얼마나 성격이 좋은가? 매일매일 파도가 그들을 인정사정없이 처얼썩 때려도 싫은 소리 한 번 하지 않고 오히려 청아한 몽돌 구르는 소리만 파도에 실려 보내지 아니한가.

사람도 다듬어질 필요가 있다. 다듬어지면 마찰이 생겨도 아프지 않다. 우리 부부는 싸우면 아내가 전혀 말을 하지 않아 버리기 때문에 답답한 내가 늘 빌고 미안하다고 말하는 편이다. 그래서 우리의 냉전 기간은 결코 하루를 넘기지 않는다. 누군가 미안하다고 말하면 끝 아닌가.

아름다운 여행지에서 진심어린 마음으로 미안하다고 이야기 하는데 이 세상에 안 받아줄 배우자가 어디 있겠는가? 부부간에, 연인간에 걸쭉하게 한 판 벌였다면 안면도 꽃지해변에 가 볼 일이다. 꽃지해변에 얽힌 애틋한 사랑이야기를 전해

안면도 꽃지해변에서 바라본 할매 · 할아비 바위

'아름다운정원'이라는 별칭을 가진 세계 꽃식물원

春......Spring

주고 돌아오는 길에 세계 꽃식물원에 들러 꽃 한 다발을 안겨주면 어떨까?

비워야 채울 수 있다는 것은 불변의 진리이다.
여행 또한 비움과 채움의 연속이다.
누군가는 여행을 가서 채우려고만 한다.
하지만... 그러한 여행은 돌아오면 공허할 수 있다.

버리고 채우기를 적절하게 할줄 아는 여행자, 여행의 고수라 할 수 있다. 서해안 고속도로 홍성 나들목을 빠져나와 천수만을 가로질러 태안군 남면에서 남쪽으로 계속해서 가면 안면도이다. 예전보다 도로가 좋아져서 안면도 가기가 훨씬 수월해 졌다. 안면도는 세계꽃박람회로 더욱 유명해진 곳이다. 지금은 근사한 해변에 펜션이 많이 들어서서 주말 여행객들이 자주 찾는 여행지이다.

조선 1645년 이전에만 하더라도 섬이 아닌 안면곶이었는데 인조 때 조운의 편의를 위해 운하를 건설하면서 곶에서 섬으로 바뀌는 운명을 갖게 된다. 안면도 다리를 건널 때 마다 느끼는 거지만 인간의 능력이 참으로 대단하다는 생각을 하게 된다. 변변한 장비도 없던 조선 시대에 어떻게 저렇게 큰 운하를 만들 수 있었을까! 실로 대단한 일이 아닐 수 없다. 또한 그 운하를 건설하기 위해 수많은 백성들이 피와 땀을 흘렸을 텐데... 안면도를 찾는 관광객들이라면 운하를 만들기 위해 희생되거나 고생한 우리의 선조들의 역사를 한 번 정도는 되새겨 볼 필요가 있을 듯싶다.

강화 석모노, 변산반도 채석강, 그리고 안면도 꽃지해변 일몰을 우리나라 삼대 해넘이 여행지로 꼽는 사람들이 많다. 어느 정도 수긍한다. 특히 안면도 꽃지의 경우 바다 앞에 할미, 할아비 바위가 다정스럽게 서있어 저녁노을이 질 때면 빨간 해와 역광의 까만 바위가 어우러지는데, 이러한 독특한 해넘이 풍경은 많은 관광객들을 감탄하게 만든다.

하지만 이렇게 아름다운 바닷가의 두 바위에는 애틋하고 마음이 저미는 사랑이야기가 전해져 내려온다. 지금으로부터 약 1,150년 전 신라 흥덕왕 때 해상왕 장보고는 지금의 전남 완도인 청해진을 기점으로 북으로는 장산곶, 중앙부로는 견승포(지금의 안면도 방포)를 기지로 삼고 주둔하였다. 당시 장보고의 견승포 기지 사령관인 승언이라는 이름의 장군이 있었다고 한다. 승언 장군에게는 미도라는 아주 예쁜 아내가 있었는데 이곳에서 행복한 나날을 보내게 된다. 하지만 출정명령이 떨어져 승언장군은 전장으로 나가게 되고 이때부터 무려 2년이라는 세월을 하루도 빠지지 않고 바다에 나가 남편을 기다리던 부인이 안타깝게도 남편을 보지 못하고 바닷가 바위 옆에서 죽고 말았다고 한다. 이때부터 그 바위는 할미바위라는 이름을 갖게 됐다. 남편을 향한 미도 부인의 애절한 사랑은 현대인들의 인스턴트식 사랑에 경고의 메시지를 전달하는 듯해서 젊은 연인들이 이곳을 찾을 때면 꼭 한 번 미도 부인과 승언 장군의 사랑을 되새겨 볼 만하다.

꽃지, 예전에는 화지 해수욕장으로 불렸다고 하는데 해당화와 매화꽃이 많아서 화지라는 이름을 가지고 있다가 언제부터인가 예쁜 꽃지라는 이름으로 바뀌었다. 이러한 꽃지해변에서 세계 꽃박람회가 개최됐으니 이름값을 한 것이나 마찬가지이다. 지금도 상설 꽃 전시장이 있어 바다를 보고 아쉬운 사람들은 들러 보기도 하지만 그냥 지나치는 수가 많다.

아름다운 정원 세계 꽃식물원

최근에 '아름다운정원'이라는 별칭을 가진 세계 꽃식물원이 아산시 도고면 봉녹리에 오픈하면서 일반인들의 발길이 끊이지 않고 있다. 지난 초여름에 이어 두 번째 방문이지만 올 때마다 새로운 느낌이다. 왜냐하면 늘 계절마다 전시되는 주 꽃이 다르기 때문일 것이다. 영농조합법인으로 문을 연 이 식물원은 30여 년 전부터 꽃을 기르고 연구해온 꽃 전문가들이 만든 식물원답게 규모면이나 꽃의 종류, 그리고 꽃의 양에서부터 여타 다른 식물원과 다르다는 것을 느낄 수가 있다. 특히 겨울철 흰눈이 펑펑 내리는 추운 날에도 실내 유리온실에는 수많은 꽃들이 화사함을 마음껏 뽐내고 있어 언제 찾아도 실망이 없는 식물원이다. 최근에는 관광객들이 직접 참여해 볼 수 있는 체험시설도 갖춰 놓아서 아이들에게 무척 인기가 많다고 한다. 국화로 물들인 천연염색, 방울토마토 따기 등 다양한 체험이 준비돼 있어 일선 학교에서 현장학습지로 채택을 하면 학생들에게 인기가 많을 듯싶다.

이용환 마케팅 이사님의 초보자 눈높이에 맞춘 안내는 식물에 대한 상식뿐만 아니라 꽃에 대한 사랑이 저절로 생기게 하는 힘을 가지고 있다. 동백관을 지나면 점점 꽃이 화려해지기 시작하다가 백합관에 다다르면 화려한 꽃과 백합 향에 취할 지경이 된다. 연꽃을 닮은 한련화, 손대면 오므라들거나 고개를 푹 숙이는 신경초, 그리고 정말로 오래간만에 보는 목화까지 신기하고도 아름다운 꽃들이 계속해서 펼쳐지기에 시간 가는 줄 모르고 1시간

'아름다운정원' 꽃밥

이상 관람을 계속한다.

끝으로 에코플랜트라고 해서 우리 몸에 좀더 이로운 물질을 많이 배출하고 공기 정화 능력이 뛰어난 식물들이 전시 판매되는 장소가 있는데 많은 사람들이 참사리(웰빙)에 관심이 높아지면서 이곳에서 직접 판매가 많아지고 있다고 한다.

저렴한 가격에 판매되고 있으니 화초에 관심이 있는 분이라면 식물원 구경도 하고 꽃이나 화분을 싸게 살 수 있어 일석이조가 될 것이다. 또한 식물원 구경하다가 출출하면 이곳에서 재배되는 식용 꽃으로 음식을 만든 꽃 밥을 먹으면 좋다.

멋진 꽃 밥을 먹었으니 이제는 애인이나 아내에게 사과의 꽃다발을 전해줄 시간. 꽃을 사오면 아깝다고 말하는 사람도 있지만 이러한 여행에서 꽃다발은 차원이 다르지 않은가? 아마 한 1년 동안은 사랑하는 사람과 다툼이 없으리라.

감동 100배 Tip

대중교통 : 서울 남부 터미널에서는 06:30~19:10까지 20분마다 태안으로 출발하는 버스가 있다.

현지교통 : 태안시외버스터미널(041-674-2009)에서 안면읍(승언리)까지 직행 버스가 30분 간격으로 운행, 40분 소요

콘도/롯데오션캐슬(041-671-7000)   호텔/안면프라자호텔(041-673-0744)
펜션/안면도허브나라(041-673-3100)   민박/문의-안면수협 지도과(041-673-9900)

딴뚝 통나무식당(041-673-1645) - 게장백반, 꽃게탕, 쭈꾸미볶음, 영양백반

유재하 - 사랑하기 때문에

향기 나는
삶을 꿈꿀 때...

매화향 가득한
섬진강 봄꽃 여행

청초한 매화 향기 같은 삶을 살수는 없을까? 아니면 진흙탕물 속에서도 신비로운 향기를 피어내는 연꽃 향 같은 삶도 좋을 것 같다. 나이를 먹으면서 향기가 나지 않는 사람은 매력이 없음을 절실하게 느낀다. 아무리 잘생긴 사람이라도 연륜에서 배어나는 향기가 없으면 왠지 허전해 보이고 덜 매력적이다. 하지만 세련되지는 않아도 머릿속에 든 지식뿐만 아니라 행동과 말투에서 은근히 인격이 묻어나는 사람은 향기가 멀리 갈뿐만 아니라 오래도록 같이 있고 싶다는 생각이 든다.

여행을 많이 하다보면 그러한 사람을 만난다. 그래서 좋은 자연과 멋진 사람을 만나면 그 여행이 오래도록 기억에 남는 것이다. 나름대로의 철학을 가지고 열심히들 살아가고 있겠지만 자신만의 색깔과 향기를 가졌으면 좋겠다. 여행을 떠난다는 것은 그러한 향기를 가꾸어 가는 과정이 아닌가 싶다. 매화 향처럼 군더더기 없는 삶을 살고 싶다.

강과 봄은 설레임이다. 지금 저 섬진강가 꽃마을에는 노란 산수유와 청초한 아름다움으로 춘심을 사로잡는 매화가 푸른 강물과 어우러져 한바탕 흐드러진 봄 잔치를 펼치고 있으며 시원 달콤한 매화 향은 나그네 코끝에 걸려 있다.

불가에는 만행(卍行)이란 말이 있다. 크게는 깨닫기 위해 모든 번

활짝 핀 매화

뇌에서 벗어나는 것이 만행이지만 선방 수좌들이 하안거나 동안거를 마치면 구름처럼 물처럼 자유롭게 떠도는 일도 만행이라고 한다. 이 만행이란 글귀가 개인적인 화두가 되어 진정 자유인으로 홀홀 떠나기 위한 채비는 하면서 살고 있는지에 대한 회의를 가지고 있다가 다분히 자위적인 생각으로 만행을 떠나기로 하고 집을 나섰다.

구례에서 하동방향으로 내려가는 19번 국도는 우리나라에서 가장 아름다운 드라이브 코스라고 여행전문가들이 주저하지 않는 남도 꽃길이다. 2차선 도로 양 옆으로 벚꽃이 심어져 있다. 아직 시기가 일러 꽃이 피지는 않았지만 2주 정도만 지나면 튀밥을 튀긴 듯 한 팝콘 같은 꽃들이 섬진강 푸른 물과 어우러져 더욱 화사하게 피어 있을 것이다. 기분 좋은 드라이브 길이다. 지리산의 웅장하고 부드러운 산세가 눈을 즐겁게 하고 저기 무진장에서 발원한 섬진강은 오늘도 말없이 유유히 남녘의 들판을 적셔주고 있다. 김용택 시인이 있어 더욱 애틋하고 정감이 가는 섬진강! 모래가 많아 다사강(多沙江)이라고 불리

었다고 하는데 고려 말 왜구가 섬진 나루 쪽으로 상륙하려 하자 수많은 두꺼비가 몰려와 울부짖음으로써 그 소리에 겁나 왜구가 후퇴했다는 전설이 있다. 그때부터 두꺼비 섬(蟾)자를 써서 두꺼비 나루라는 뜻으로 섬진강이라 불리기 시작했다고 한다. 다사강! 이름에 걸맞게 분처럼 고운 모래가 강 군데 군데 펼쳐져 있다.

19번 국도와 나란히 달리는 861번 도로 쪽으로 넘어가자 매화꽃이 산등성이에 하얗게 피어있고 강 건너 하동 쪽 산비탈 강 마을에는 초록 도화지에 하얀 꽃을 그려 놓은 듯 평화스럽기만 하다. 맑고 진하지 않은 초코렛 같은 향기가 차 안에 스며든다. 천천히 달리며 차창을 활짝 연다. 와! 매화 향 정말 좋네, 예전에 그렇게 행사를 다녀오고 여행을 갔어도 시간에 쫓겨서였는지 그 향기를 이렇게 음미할 시간이 없었는데 정말 한마디로 묘하게 끌리는 향이다. 옛날 선비들이 맑고 은은한 매화 향과 매화꽃의 청초한 이미지 때문에 늘 곁에 두고 가까이 하려 했다고 하는 말이 이제야 실감이 나는 듯하다. 차를 세우고 매화꽃 가까이에 코를 대본다. 정말 시원한 듯하면서도 맑은 향은 이제껏 맡아본 그 어떤 꽃향기보다도 매력이 있다. 매화꽃을 보러 가시는 많은 분들, 천천히 여유 있게 완보하면서 매화 향에 취해 볼일이다. 평일이라서 그런지 청매실 농원입구

청매실 농원에서 바라본 장독대와 섬진강

는 전혀 붐비지 않는다. 도로 아래쪽으로 새로운 도로가 나면서 주차장도 생기고 먹거리를 파는 사람들이 줄지어 있다. 좋은 것만 보고 좋은 것만 생각하면서 농원 비탈길을 올라가자 홍쌍리 여사의 삶이 배어있는 장독대가 나온다. 아마 수많은 신문이나 책자에 단골로 나오는 그 풍경이다.

　　　　　장독대 너머로 섬진강이 보이고 왼편으로는 복실개가 연상되는 대나무 숲이 봄바람에 하늘거린다. 홍쌍리 여사의 시아버지 김오천 선생이 처음 터를 잡아 매화를 심고 홍매실 농원의 기틀을 잡으셨다면 며느리 홍쌍리 여사는 품종을 개량하고 매실관련 제품을 상품화하고 판로를 개척해 지금의 농원으로 발전시켰다고 할 수 있다. 정부지정 명인으로 지정될 만큼 매화에

있어서만큼은 누구에게도 뒤지지 않는다. 어떤 한 분야에서 최고가 된다는 것, 그 만큼의 피나는 노력이 뒤따랐을 것이다. 세월이 흐를수록 매실농원 주위가 예전의 맛을 잃어가는 듯해 아쉬움이 남기도 하지만 요즘처럼 세상이 혼탁한 시절에 가슴을 시원하게 해주는 매실음료가 있고 또한 가슴 묵묵하고 머리가 지끈지끈할 때 들이키는 매화 향은 분명 정신을 맑게 하는 청량제다.

관리실 옆으로 난 산책길을 한 바퀴 돌아 나오다가 넉넉한 미소가 아름다운 홍쌍리 여사를 만났다. '나도 저 나이가 되면 저런 온화한 인상이 나올까?' 라는 생각을 해본다. 자연을 가까이 하면서 세상 욕심 버리고 내 일을 열심히 한다면 한 이십 년쯤 후에 그러한 인상을 가질 수 있겠지. 아쉬운 다압 마을을 뒤로하고 다시 방향을 북쪽으로 잡아 구례 산동 마을로 가기 위해 차를 돌린다.

정겨운 돌담이 있는 지리산 산수유 마을

우리나라에서 생산되는 산수유 대부분이 이 고장에서 난다고 해도 과언이 아니다. 봄철 상위마을 계곡 아래쪽에서부터 산수유 꽃이 피기 시작하면 사진작가, 그림 그리는 사람, 일반여행객까지 수많은 사람이 수수한 산수유를 보기 위해 몰려든다. 산수유 꽃도 메밀처럼 군락을 이루면 더욱 아름다운 것 같다. 푸른 논두렁 옆 아니면 돌담모퉁이에 노랗게 피는 산수유 꽃도 아름답지만 계곡 가에 무리 지어 피어있는 산수유는 분명 잔잔한 기쁨을 준다.

필자의 경우에는 항상 평촌교를 건너 평촌 마을에서부터 산수유꽃 감상을 시작하는데 한가롭게 논에서 풀을 뜯고 있는 염소 가족이며, 마을의 돌담길, 그리고 노오란 산수유 꽃 너머로 보이는 만복대와 노고단의 산자락을 여유 있게 볼 수 있어 좋다. 마을 위쪽으로 올라가자 사진작가들이 계곡가에 핀 산수유를 찍기 위해 앵글을 이리 저리 잡고 있느라 분주하고 중년의 여자 화가는 계곡가 편편한 바위에서 그림을 그리고 있다. 좁은 골목길을 지

산수유꽃

나 계속해서 계곡을 따라 올라가자 더욱 멋진 산수유 풍경이 눈에 들어온다.

길에서 만난 홍동주(67세) 할아버지께서 어디서 왔느냐고 묻는다.

"서울에서요"

"혼자 왔는가?"

"예"

이것저것 궁금해서 산수유에 대해 묻는데 자세히 설명해 주신다.

"이놈으로 자식들 다 갈치고 먹고 살았어. 10월에 한번 와, 지금도 이쁘지만 산수유 열매가 뻘겋게 달리면 더 멋있제."

"아, 그래요."

헤어지려고 인사를 막 하는데

"근디, 산수유는 안 사간가?"

할아버지가 농을 던지신다.

돌담 옆으로 천년 된 산수유나무가 보이고 멀리 지리산이 아스라하다. 세상이 혼잡하다. 따사로운 봄날, 자기만의 만행(卍行)을 떠나보는 것은 어떨까?

감동 100배 Tip

1) 호남고속도로 전주IC(17번 국도) → 남원(19번 국도) → 밤재터널 → 토지 → 간전교 삼거리 (865번 지방도, 우회전) → 간전교 건너자마자 좌회전(861번 지방도) → 도암 → 섬진마을
2) 남해고속도로 하동IC(19번 국도) → 하동(2번 국도, 좌회전) → 섬진교 건너자마자 우회전 (861번 지방도) → 섬진마을

현지교통 : 하동 버스터미널(055-883-2663)에서 다압행 군내버스나 택시 이용, 청매실농원 까지는 약 10분 소요

청매실농원(061-772-4066)에서는 민박이 가능하다. 하지만 시간 여유를 두고 예약을 하지 않으면 민박하기가 어렵다. 청매실 농원에서의 민박이 여의치 않을 경우에는 차로 10여분거리인 하동읍내의 섬진각(055-882-4342~3), 화개파크(055-884-1811) 등의 숙박업소를 이용하면 된다.

안치환 – 사람이 꽃보다 아름다워
김광석 – 서른 즈음에

이별의 아픔을 잊고 싶을 때...

청별의 섬 **보길도** 국토의 끝에서부터 시작된 보길도 여행은 조선조 시조문학의 대표적인 작가 고산 윤선도의 발자취가 묻어있는 곳이다. 임금과 이별(?) 한 후 새로운 곳으로 떠나다 발견한 보길도는 윤선도가 헤어짐의 쓰라린 아픔을 딛고 새롭게 건설한 자신만의 이상향이었다. 이별, 어쩌면 세상에서 가장 가슴 아픈 단어가 아닌가 싶다. 하지만 헤어지지 않고 사는 인생이 어디 있겠는가. 특히 죽고 못사는 사랑하는 사람과 이별한 사람들은 세상이 다 슬프게 보이고 도통 의욕이 없어 한 동안 삶이 버거울 뿐이다.

요즈음 세태에서 인스턴트식 사랑이다 뭐다해서 예전처럼 헤어짐에 깊이가 없어지기는 했지만 쿨한 이별도 때로는 현명하다는 생각이 든다. 보길도에 가면 청별항이 있다. 靑別. 푸른 이별이라...

상당히 철학적인 의미가 담겨 있는 듯하다.. 부여잡고 울어도 소용이 없다면 깨끗이 잊고 새롭게 시작하는 것이 훨씬 세련됐다. 집에만 있으면서 아픔을 곱씹지 말고 밖으로 나가 쇼핑을 하든지 남자라면 술이라도 실컷 마시면서 잊는게 차라리 좋을 것 같다.

아니면 청별의 섬 보길도에 가서 모든 것을 털어 버리고 오라. 섬사람들은

春...... Spring

수도 없이 육지 사람들과의 새로운 만남을 갖지만 시간이 되면 또 아무 일 없었다는 듯이 그들을 깨끗이 보내지 않는가.

백두산에서부터 시작된 국토의 등줄기는 금강산, 설악산, 지리산을 거쳐 월출산, 달마산까지 이어지다가 한반도의 종착인 땅 끝의 갈두산에서 다시 한번 힘을 받아 저 남녘의 마라도까지 그 정기가 미치는 듯하다.

언제나 끝은 절망스럽기도 하지만, 새로운 시작점이 될 수 있기에 많은 사람들이 이곳에 서면 새로운 희망의 각오를 다지는 곳이다. 그래, 세상에 많고 많은 게 사람인데 새로운 사람 만나서 다시 시작하는 거야, 그리고 보란 듯이 이곳에 다시 올거야! 이렇게 속으로 외치는 사람이 많겠지. 이별의 아픔을 감당하기 힘든 사람은 청별의 섬 보길도로 떠나라. 땅 끝에서 새로운 시작을 맞이하라.

어부사시사를 지은 보길도 세연정

엔진소리가 커지고 배가 후진을 하면서 갈두항에서 조금씩 멀어진다. 방향을 잡은 배는 금세 섬 사이를 비켜나면서 멀리 보길도를 향해 남진한다. 전라남도 완도군 보길면 소재지이기도한 청별항은 보길도에서 가장 인구가 많은 곳으로 이 섬의 관문이다. 청별! 이 이름은 고산 윤선도가 지었다고 하는데 섬에 있을 때 찾아온 벗이나 가족들과 이별을 했던 곳으로 푸르고 깨끗한 이별을 뜻한다 하니 의미 있게 그 뜻을 되새겨 볼 만하다.

세연정은 담양의 소쇄원과 더불어 우리나라 대표적인 원림(園林 : 집터에 딸린 숲)으로 청별항에서 차로 2~3분 거리에 위치해 있다. 세연(貰

然)이란 주변경관이 깨끗하고 청신하여 기분이 상쾌해진다는 뜻으로 주로 연회의 공간이었다. 주차장에서 세연정으로 들어가는 길은 양쪽으로 동백꽃이 피어있다. 11월부터 피기 시작한 보길도의 동백은 이듬해 4월까지 피어있다고 하니 피고 지고, 피기를 거의 반년 가까이 하는 이 섬의 대표적인 꽃이다. 섬 어딜 가나 가로수로, 아니면 담장을 대신해, 키 큰 방풍림 속에도 동백은 피어있다. 봄비에 후두둑 떨어진 동백은 지저분하지 않고 더욱 고고하게 느껴진다. 동백 숲을 지나면 정면으로 아담한 기와집이 세연지와 회수담 사이로 나타나는데, 가운데

보길도 통리 해변

에 온돌을 놓고 사방으로 판문을 달아 비바람을 막은 곳이 세연정이다. 보길도에 가뭄이 들었는지 세연지에 물이 적어서 연못 중간중간에 있는 바위들이 저 밑바닥까지 드러내고 있어 만수가 되었을 때보다 운치가 덜하다. 그 옛날 세연지 맑은 물에 수련이 떠있고 동백이 사방으로 피어있는 모습을 상상해 보노라면 금세 시조 한 수가 나올 법 하다.

고산 윤선도의 나이 65세에 이곳에서 봄, 여름, 가을, 겨울 각 계절마다 10 수씩 총 40수의 어부사시사가 만들어졌다. 그 중 봄을 노래한 시조다.

앞개에 안개 걷고 뒷산에 해 비친다
배 띄어라 배 띄어라
밤물은 거의 지나고 낮물이 밀려온다
지국총 지국총 어사와
강촌 온갖 꽃이 먼 빛이 더욱 좋다

예송리의 한가로운 고깃배

아마도 윤선도는 이곳에서 세상의 주류가 되지 못하고 늘 주변부에 머무는 자신의 신세를 조금은 한탄하면서 또한 언젠가는 세상의 주류가 되어 그 큰 뜻을 펼쳐 보리라는 다짐을 하면서 유유자적 자연을 벗하며 세연정과 같은 별서정원을 경영했던 것 같다. 하지만 그 유희가 가히 환상적이어서 동대, 서대에서 악공과 무희들이 풍악을 울리며 춤을 추게 하고 멀리 옥소대 바위산에서 무희들이 춤을

동백꽃

추면 그 모습을 즐겼다 하니 고산의 호사와 재력이 어떠했는지를 짐작할 수 있을 것 같다. 세연정은 정면 세 칸, 측면 세칸의 정자로 1992년에 복원된 건물이다. 부용동쪽에서 흘러오는 자연계류를 판석보로 물길을 막아 세연지를 만들고 또한 그 물을 왼쪽편으로 꺾어 회수담을 만드니 자연스럽게 두 개의 인공 못이 생겼다. 그 사이에 세연정을 지었는데 너른 판석을 정교하게 끼워 만든 보하며, 회수담으로 물을 끌어들이기 위해 들어가는 구멍은 다섯 개로 만들고 조금 낮게 반대편으로 3개의 구멍을 내서 물길의 유입을 빠르게 했던 선조들의 건축술에 감탄할 따름이다. 일본이나 중국의 정원처럼 지나치게 인위적이지 않으면서 자연을 잠시 빌어 아주 천연덕스럽게 그 자연을 꾸민 윤선도의 호방한 자연관에 고개가 절로 숙여질 따름이다.

천연방풍림으로 둘러싸인 예송리 해변

　세연정에서 예송리 해변으로 가기 위해서는 장재도를 왼쪽으로 끼고 달려야 한다. 보길여객 기사님은 예송리도 좋지만 정말로 많은 사람들이 무심코 지나치는 곳이 있다며, 보길도에 왔다면 꼭 한번 들러봐야 될 곳으로 통리 해변을 추천한다. 과연 그분의 말은 과장이 아니었다. 왼쪽으로 누런빛으로 변한 갈대밭하며, 부드럽게 휜 해안가에 조개가루와 모래가 섞인 단단한 해변 모래사장이 예송리 못지않은 아름다운 경치를 선사한다. 생각지도 못했던 경치에 많은 사람들이 '와! 좋다'를 연발한다. 수심이 얕고 경사가 완만해서 보길도에서는 최고의 해수욕장이라 불린다. 아쉬움을 뒤로하고 예송리 해변쪽으로 차를 돌려 3~4분을 달리니 예송리해변을 한눈에 바라다 볼 수 있는 전망대가 나온다. 차가 언덕을 내려서자 바람을 막기 위해 조성한 방풍림이 나오고 그 왼쪽편으로 까만 돌이

예송리 해변

1.4km나 펼쳐진 예송리해변이 나타난다. 바닷가 앞쪽으로 몇몇 섬들이 떠있고 해변으로부터 줄을 메어둔 작은 고깃배들이 예송리 해변의 정취를 더욱 그윽하게 만드는 듯 하다. 까만 돌로 이루어진 예송리 해변은 파도가 밀려왔다 쓸려가면서 내는 갯돌 구르는 소리가 청아해서 많은 사람들이 소리를 죽이고, 바닷가 자갈밭에 앉아 귀 기울이는 모습을 볼 수가 있다.

보길도에 가면 윤선도의 문학세계와 전통원림의 진수를 만끽할 수 있을 뿐만 아니라 세속과 이별했음에도 불구하고 또 다른 자연을 새롭게 개척해 가면서 살아간 윤선도의 뛰어난 적응력과 호방한 인생관을 엿볼 수 있다. 헤어짐 때문에 가슴 아파하는 사람들, 보길도로 떠나라! 아마, 그곳의 자연은 푸른 이별을 만들어 주기에 충분할 것이다.

감동 100배 Tip

교통안내 : 서해안 고속도로 → 목포TG → 2번국도를타고 4km정도 → 영산강 건너서 우회전 →해남땅(땅끝마을) → 보길도행 배편(보길 관광안내소 061-553-5177)
현지교통 : 보길버스(061-553-7077)가 보길면소재지이자 선착장이 자리한 청별리에서 수시로 출발 - 부황리(세연정)행 하루 5회, 예송리행 7회, 중통리행 2회, 정동리와 보옥리행 5회씩 운행

관광식당(보길도) 061-554-1624
갈매기둥지(땅끝마을) 061-534-9192 - 생선회, 해물탕, 갈치찜

전인권 - 사랑한 후에
조정현 - 그 아픔까지 사랑한거야

여고 동창생들과
추억여행을 떠나고 싶을 때...

초록 물결
고창 청보리밭

♪보리밭 사이 길로 ♪떠나가면 뉘 부르는 소리 있어 ♪나를 멈춘다. ♪옛 생각이 나면 ♪휘파람 불며...

학창시절 음악선생님을 따라서 참으로 정겹게 불렀던 노래가 아닌가 싶다. 생동감이 넘치는 봄철, 누군가를 멈추게 할 수 있는 많은 것이 있겠지만 고창 청보리밭 또한 사람들의 발걸음을 멈추게 하는 여행지가 아닌가 싶다. 구릉처럼 펼쳐진 야산에 수 십 만평 청 보리밭이 봄바람에 살랑 살랑 춤 출 때면 누구나 시인이 되고 마음 착한 농부가 된다. 보리밭을 보면 학창시절이 그리워진다. 특히 시골에서 자라고 난 여고생들의 경우 보리밭의 추억을 하나둘쯤은 가지고 있을 것이다. 정말로 오랜만에 만났다는 7명의 여고 동창생 일행이 보리밭을 걸어가며 보리피리도 불어보고 푸른 보리밭을 배경으로 사진을 찍느라 시간 가는 줄 모른다.

필자의 경우 보리밭하면 우선 껄끄러운 보릿대가 생각난다. 초여름 이모작을 하는 농촌에서 보리타작을 하는 일은 여간 고역이 아니었다. 나락처럼 매끄럽지가 않기 때문에 날씨가 더울 때, 껄끄러운 보릿대가 등에 들어가면 동네 청년들은 보리타작을 하다말고 갱변 물속으로 뛰어 들어가 한바탕 멱을 감고 다시 탈곡을 하곤 했다. 그리고 그맘때쯤 시골

아 그리운 친구들은 모두들 잘 있겠지?
학창시절 친구들이 그립다면
고창 청 보리밭으로 떠나보자.
금세 학창시절 친구들이 보리밭 저 멀리서
뛰어 올 것만 같은 여행지이다.

들녘에는 지천으로 피어있는 분홍색 자운영 꽃이 보리밭하고 어우러져 장관이었다. 꽃이 흔하지 않은 시골 들판에도 이때만큼은 꽃 천지가 된다. 화학비료가 별로 없었을 때 자운영 꽃은 퇴비 역할을 톡톡히 해서 시골에서는 귀한 존재였다. 그 자운영이 논에 수북이 피어 있을 때면 동네 친구들하고 토끼에게 줄 먹이도 뜯고 쇠꼴도 베고 그 위에서 친구들과 씨름도 하면서 놀기도 많이 놀았는데, 지금도 가끔 자운영꽃 화사하게 핀 푸른 들판이 보고 싶다. 아 그리운 친구들은 모두들 잘 있겠지? 학창시절 친구들이 그립다면 고창 청 보리밭으로 떠나보자. 금세 학창시절 친구들이 보리밭 저 멀리서 뛰어 올 것만 같은 여행지이다.

고창하면 맨 먼저 떠오르는 것이 고창수박, 그리고 선운사, 풍천장어와 복분자술이다. 하지만 최근 몇 년 사이에는 세계 문화유산에 등록된 고창 고인돌군이 더 유명해졌으며, 공음면 학원 농장의 청보리밭이 전국적인 명소가 됐다. 누가 보리밭이 관광지가 될 줄 알았겠는가? 세월의 무상함을 느낀다. 도시화가 급속하게 되면 무엇인들 관광상품화 되지 않겠는가. 지난 겨울 한 번 와보고 두 번째다. 제법 자란 보리가 적당히 부는 바람에 파도를 타듯 일렁인다. 올해로 두 번째로 맞는 축제는 푸른 보리밭을 볼 수 있을 뿐만 아니라 행사장에서 맥류의 역사 및 제품들을 한눈에 볼 수 있는 전국에서 유일한 맥류 축제이다. 보리개떡, 보리피리, 보릿고개 등, 보리는 우리 곁에 늘 가까이 있었던 일

상이었는데 언제부터인가 매끈한 쌀에 밀리고 케익이며 빵에 그 자리를 내준지 오래됐다. 그렇게도 소중하던 것들이 세월이 흐르면서 이렇게 우리에게 대우를 받지 못하고 있는 것이다. 그래서 아이들하고 아니면 오랜만에 친구들하고 모임 여행으로 떠나면 좋은 곳이 학원 농장이다. 예전에 국무총리까지 지낸 진의종 씨의 아들, 진영호님이 농장주이다. 좋은 대학을 나오고 큰 회사의 이사까지 역임을 했지만 태어나고 자란 곳으로 내려와서 농부로 살아가고 있다.

그의 발걸음을 옮기게 한 그 무엇이 있겠지만 보리농사를 열심히 짓고 가을이면 메밀을 심어 관광객들을 끌어 모으고 축제까지 개최하게 됐으니 시골에 내려온 삶이 어쩌면 그의 인생에서 더 큰 족적을 남기지 않을까 싶다. 우선 몇 십만평 하니까 엄청 넓을 것 같지만 보리밭 사잇길을 걷다보면 금세이다. 농장 앞으로 펼쳐진 보리밭은 멀리 방장산과 영광 쪽 산자락이 보이고 야트막한 구릉들이 구름처럼 부드럽게 펼쳐져 있다.

앞서가는 꼬마에게 아빠가 보리피리를 만들어 준다. 보리대를 뽑아 끝을 손톱이나 이빨로 약간 찢은 다음 입으로 불면 신기하게도 보리피리가 된다. 삐삐빅. 아빠가 만들어준 보리피리를 부는 아이가 제 아빠를 자랑스럽게 생각하는 듯하다. 그저 보리피리일 뿐이지만 고창 청보리밭에 가거들랑 보리피리 부는 방법쯤은 배우면 좋을 듯싶다. 언제 이렇게 아빠노릇 잘 해볼 수 있겠는가.

제1산책코스를 마치면 2차선 길건너로 더 넓은 보리밭이 나온다. 가로수가

보리밭 한가운데 있고 오른쪽으로 난 길을 따라가면 정말로 더 넓은 보리밭이 펼쳐진다. 청보리밭의 포인트는 이곳이다. 꼭 더 넓은 보리밭까지 가야만 청보리밭의 진수를 맛볼 수 있다. 그래서 여행자는 늘 부지런해야 된다. 처음 코스만 보고 그냥 행사장쪽으로 가면 실망 할 수도 있기에 가로수가 있는 더 넓은 보리밭까지 가야 된다.

이곳에서 북동쪽을 바라보면 푸른 보리밭처럼 가슴이 시원해진다. 보리밭을 응시하고 있는 초등학교 고학년 쯤 되는 아이는 무엇을 생각하고 있을까? 푸른 물 뚝뚝 떨어지는 파란 마음을 가슴에 담고 있었으면 좋겠다. 건강한 보리처럼 싱싱하게 자랐으면 하는 바람이다.

아쉬운 학원농장을 뒤로하고 선운사로 가는 길에 잠깐 죽림리 고인돌군에 들른다. 많은 사람들이 별 기대를 하지 않는 눈치였는데 떼로 무리지어 있는 고인돌을 보고 감탄사를 연발한다. 예전에는 논 한가운데 있었던 고인돌이었다. 지금은 잔디밭으로 가꾸어져 대우를 받아도 한참 받고 있다. 고추를 널기도 하고 일하다가 그 위에서 쉬기도 했다는 그 돌이 어느 날 갑자기 세계문화유산이 됐다고 하니 동네 어르신들은 신기하기만 하다.

"농사짓는데 귀찮은 독뎅이였는디, 지금은 대접을 받아도 한참 받는당게."

흔히 말하는 남방식 계통의 고인돌이 거의 대부분인데, 그런 학술적인 것은 제쳐 놓더라고 우선 터가 마음에 든다. 고인돌 공원 맨 위쪽으로 올라가면 고창 들판이 한눈에 들어오고 시냇물이 흐르고 멀리 안산이 들어오고 명당자리가 따로 없다.

선운사의 보물은 동백인 것 같지만 실은 선운사에서부터 시작해서 진흥굴, 동불암 마애불, 도솔암을 거쳐 낙조대까지 가는 코스가 보물 하나이고 또 다른 보물은 선운사 경내 대웅보전 뒤편에서 만세루 지붕너머로 보이는 세상에서 가장 부드럽고 강한 산세를 보는 것이다. 마체를 연상하는 부드러운 세봉우리와 맨 오른쪽의 필봉은 보는 이로 하여금 경탄하게 만든다. 이 세 가지를 보고 왔다면 선운산 도립공원 세 개의 보물은 본 것이기에 만족한 여행이 될 것이다.

선운사에 갔다가 그냥 오기 서운하다면 하전 갯벌이나 서정주 기념관에 들렀다 오면 어떨까 싶다. 아이들이 갯벌을 좋아한다면 하전 갯벌

세계문화유산 고인돌 군

未堂詩文學館

未堂

서정주 기념관

에 가볼 일이고 여고 동창생들끼리 가는 여행이라면 '국화옆에서'로 너무도 유명한 서정주 시인의 생가가 있고 기념관이 있는 선운리에 가면 좋을 것 같다. 시골 학교를 개조해서 현대적인 감각으로 전망대처럼 만든 건축물은 건물 자체의 뛰어남보다 안에서 밖을 바라보는 조망이 압권이어서 그곳을 찾는 관광객들이 잔잔하게 감동을 받는 곳이다. 바람이 적당히 불거나 강하게 불면 더더욱 좋은 곳이다. 신화처럼 우리들에게 각인된 질마재를 볼 수 있으며 바다건너 변산반도며, 곰소만 그리고 멀리 위도까지. 기념관 맨 꼭대기 옥상에 올라가면 뒤로는 산이 앞으로는 전형적인 시골들판과 바다가 시원스럽게 펼쳐져 있어 시심을 불러일으키는 곳이다.

서정주시인은 나를 키운 건 8할이 바람이었다고 했는데, 이곳에 서면 그 바람의 의미를 알 것만 같다. 가만히 있는 나를 깨우고, 세상을 일깨우는 바람. 아마 바람이 없었다면 세상은 한 치도 변하지 않았을 수도 있었겠지. 삶이 권태롭고 밋밋할 때 소중한 사람들과 함께 추억여행을 떠나 보자. 분명 그들의 일상에 잔잔하면서도 긍정적인 바람을 일으킬 수 있을 것이다.

감동 100배 Tip

서해고속도로 고창IC → 무장(15번국도) → 무장오거리에서 좌회전 → 학원농장
학원농장(063)562-9895, 고창군청 문화관광과 (063)560-2230

선운사 숙박지구엔 숙박시설이 산재. 선운산 관광호텔 063-561-3377

고창 읍내에 위치한 황토마을(063-564-9979) – 백반전문, 갈치조림, 굴비가 들어가는 전통백반

조용필 – 여행을 떠나요
자두 – 여고시절

사랑하는 가족과
체험여행을 떠나고 싶을 때...

**새콤달콤
유기농 딸기농장**

아이를 뱃사람으로 키우고 싶은가? 그렇다면 배를 만들어 주지 말고 바다를 미치도록 그리워하게 하란 말이 있다. 자녀에게 상상력을 키워주고 뭔가에 빠지게 해주려면 백 마디의 말보다는 가족끼리 한번 떠나는 체험 여행이 훨씬 교육적이라는 것을 단 한번이라도 체험여행을 떠나본 사람이라면 알 것이다. 매월 넷째 주 토요일이 현장학습 체험의 날로 지정되면서 요즈음 아이들은 한 달에 한 번 연휴를 즐기게 되었다. 각박한 도심에서 살아가는 아이들에게 자연과 가까이 할 수 있는 시간을 한 달에 한 번 정도라도 가져보는 것은 정말로 소중한 일이라고 생각한다.

아무것도 하지 않고 놀다가 오는 것 같아도 교실에서 배울 수 없는 수많은 것을 체득하고 오는 것이기에 결코 돈으로 환산할 수 없는 그 무엇이 있다. 아이를 바르고 창조적으로 키우고 싶다면 경제적으로 부담이 되더라도 여행을 떠나 보자. 온 가족이 떠나는 여행은 구성원간의 결속력을 높여줄 뿐만 아니라 자녀를 감성이 풍부한 아이로 자라게 한다.

새콤 달콤 딸기 농장으로 떠나는 딸기잼 만들기 체험여행

    봄비가 내린 후 가로수 은행 나뭇잎이 더욱 진한 연두 빛을 띤다. 하루가 다르게 변하는 그 푸르름은 계절의 여왕 5월을 훌쩍 뛰어 넘어 벌써 초여름으로 갈 태세다. 계절의 성급함에 잠시 쉬었다 가는 것도 인생의 지혜, 이번 주말 가까운 유기농 딸기 농장으로 떠나보자. 가족의 소중함이 새록새록 묻어날 것이다.

    요즈음 최고의 키워드 검색어로 통하는 웰빙! 건강한 삶, 참 좋은 이야기이다. 아쉬운 점이 있다면 좀더 생활 속의 웰빙을 추구했으면 하는 바람이다. 여행 업계에도 웰빙 바람이 불어서인지, 온천여행이나 허브농원, 그리고 유기농 딸기

유기농 대가농원 딸기밭

따기 여행이 인기다. 딸기는 전국적으로 많이 재배되고 있지만 날씨가 좀더 따뜻한 지방이 연료비 소비가 적기 때문에 유리하다. 유기농 딸기는 논산이 유명하지만 서울에서 다소 멀기에 하루 반나절 코스로 다녀오기에 적당한 남양주시 조안면 능내리에 있는 유기농 딸기 농장이 적지일 것 같다. 그림같이 펼쳐져 있는 한강변의 모습을 볼 수가 있고 다산생가가 코앞에 있어 역사탐방과 체험여행을 경험하기에는 최적의 코스가 될 것이다.

다산 기념관

유기농 딸기도

먹고 딸기잼도 만든다는 설레임으로 남양주시 조안면에 있는 대가 농원을 찾았다. 이른 아침 다산의 숨결이 살아있는 조안면 능내리는 평온 그 자체이다. 주차장에 사람이라고는 몇몇뿐, 토요일 아침은 이렇게 한가롭게 시작됐다. 주차장 옆으로 다산 유물관과 생가가 있고 그 앞쪽으로 농장이 있다. 조선시대 암행어사로 유명한 어사 박문수가 태어난 생가 자리로, 박문수 선생은 병조판서까지 올라간 큰 인물로 청렴하고 강직했다고 한다. 그러한 인물이 태어난 자리이니만큼 느껴지는 기운이 왠지 다른 것 같다. 그 명성에 걸맞게 전통 기와집으로 지어진 농원은 외관에서부터 근래에 지어진 집치고는 꽤나 고풍스럽다.

반갑게 맞아주는 안주인과 주인아저씨! 경기도에서 제일 먼저 유기농 딸기 및 농산물 인증을 받은 농부이어서인지 자부심이 대단하다. 그러면 그렇지, '유기농' 아무나 쉽게 할 수 있는 일인가? 인내와 끈기가 필요 할 것이고 욕심도 버려야 할 것 같다. 또한 무엇보다 생명을 존중하는 따뜻한 마음이 없다면 불가능한 일이다. 따뜻한 툇마루에 앉아서 안주인이 들려주는 딸기 잼 만드는 방법과 딸기 따는 방법을 듣는다.

여기서 잠깐, *딸기* 따기 주의사항!

1, 한번 손으로 만진 딸기는 무조건 딴다(한 번 만진 딸기는 썩어버림).
2, 줄기 채 잡아 당기지 말고 하나씩 딴다.
3, 고랑과 고랑 사이를 넘어 다니지 않는다.
4, 반대편 두렁에 있는 딸기를 엉덩이로 뭉개지 않는다.

이런 저런 주의사항을 듣지 않으면 애써 지어놓은 딸기 농사를 망칠 수 있기에 딸기농장을 방문하는 여행객들은 꼭 명심해야 한다. 손에 바구니 하나씩을 들고 딸기밭으로 향한다. 어린 시절 나물을 캐러 가는 누이들의 모습이다. 딸기밭에 관한 추억 하나 정도는 시골에서 나고 자란사람이라면 가지고 있을 것이다. 중학교 때였던가, 그때는 지금처럼 하우스 딸기는 거의 없던 시절이었다. 옆동네 노지딸기밭으로 원정서리를 갔었는데, 달밤에 몰래 따먹는 딸기가 어찌나 달고 맛있던지, 지금 생각해 보면 딸기밭 주인어른께는 미안하지만 그래도 딸기에 관한 추억이 지금까지도 생생하기에 한편으로 미안하고 고맙다. 요즈음은 과일서리를 하다가 들키면 벌금물고 심하게는 철창신세까지 지느니 마니 하는데 그때만 해도 서리하다가 걸리면 너털웃음으로 봐주던 시절이 아니었나 싶다.

여행객 중 딸기를 처음 따보는 사람이 80% 이상이다. 도시에 살면서 언제 딸기를 따 봤겠는가, 모두들 설레는 눈치이다. 농장 아저씨가 딸기 비닐하우스를 열자 후끈한 열기와 함께 상큼한 딸기 향이 코끝에 전해온다. 일순간, "와" 하는 탄성이 터져 나온다. 빨갛게 익어있는 탐스런 딸기가 하우스 안에 가득하다. 유기농 딸기인지라 마음 놓고 씻지도 않고 한입에 쏙, 입안에서 사르르 녹는 그 맛이란! 가보지 않고는 모른다. 또한 손가락 사이로 잘 익은 딸기 하나를 넣고 90도 각도로 민첩하게 꺾으면 '뽕' 하고 따지는 그 청각적 즐거움이 더해져서 딸기밭 풍경은 행복으로 넘쳐 난다. 얼마를 땄을까, 바구니에는 유기농 딸기가 가득하고 하우스 안에는 웃음소리가 끊이지 않는다.

대가농원의 툇마루에서 여행자들이 담소를 나누고 있다

여럿이서 딴 딸기를 한곳에 모아 이번에는 꼭지를 따고 깨끗이 씻는다. 농원의 또 다른 체험거리로 딸기잼 만들기를 빼놓을 수 없다. 잼을 만들기 위해서는 따온 딸기를 손질한 다음 큰 솥에 딸기와 설탕을 함께 넣는다. 이때 딸기와 설탕의 비율은 무게로 10:6으로 맞추면 된다. 선명한 색깔을 유지하기 위해서 레몬즙을 넣는 것도 요령이다. 이번 체험에서는 40-50개 분량을 만들어야 되기 때문에 졸이는 시간도 약1시간 정도로 적은 양보다 훨씬 많이 졸여야 된다. 쉬지 않고 계속해서 저어주면 물이 생기기 시작하면서 묽어진다. 이때 농원 뜰 안에 가득히 퍼지는 딸기 향이 어찌나 달콤한지 여행객들은 그 향에 취할 지경이다. 툇마루에 앉아 따뜻한 봄볕과 함께 즐기는 모처럼의 여유가 보기 좋다.

이렇게 한 시간 이상을 졸이면 적당히 응고된 딸기잼이 완성 되는데 이때 빈

대가농원 근처에 있는 다산아트

병에 식히지 않고 바로 담으면 된다. 손수 따고 만든 잼을 받을 때쯤이면 어른이나 아이 할 것 없이 모두가 천진난만한 동심으로 돌아 간 듯 흐뭇해한다. 노동의 대가는 늘 신선하고 정직하다. 열심히 딸기를 따고 잼을 만드느라 고생 했기에 농원에서 먹는 유기농 점심 식사는 꿀맛이다. 유기농이라고 하니 평소에 잘 먹지도 않던 상추는 왜 그렇게도 많이 먹던지, 모두가 밥 한 공기 뚝딱, 여기저기서 상추며 반찬을 더 달라고 주문한다.

딸기도 따고 직접 잼도 만들어 보고 싶으면 남양주시 조안면 능내리로 가보라. 한나절 가족끼리 즐거운 시간을 보낼 수 있을 것이다. 단 개인적인 딸기잼 만들기 체험은 제한 될 수 있으니 사전에 연락해 보고 가는 것이 현명한 방법이다.

감동 100배 Tip

대중교통 : 청량리역 앞에서 일반버스 2228번을 타고 능내역 앞에서 내려 15분정도 도보이동
자가용 : 1) 청량리역 쪽 : 망우리고개 → 도농삼거리에서 덕소방면 → 팔당대교, 팔당댐을 지나서 직진 → 굴다리에서 우회전 → 다산기념관 & 대가농원
2) 올림픽대로 쪽 : 미사리 조정경기장 → 팔당대교, 팔당댐을 지나서 직진 → 굴다리에서 우회전 → 다산기념관 & 대가농원

딸기체험 및 식당 : 대가농원(031-576-6955) - 장어구이, 쏘가리, 메기, 빠가사리메운탕, 오리양념구이, 토종닭 영양백숙, 토종닭도리탕

삐삐밴드 - 딸기

10권짜리 장편소설
쉬지 않고 읽고 싶을 때...

지심도 '휴(休)' 나들이   쉬기 위해 여행을 떠났다가 쏟아지는 인파에 치여 고생스럽기만 했던 그리 유쾌하지 않은 기억을 누구나 하나쯤은 갖고 있을 것이다. 특히 유명 관광지의 경우 그 정도가 심해서 정말로 누군가에게 방해 받지 않고 조용히 자연만 바라보면서 편안하게 쉬었다 올수 있는 여행지가 없을까 고민을 해본다. 하지만 그러한 여행지를 찾기란 그리 쉽지가 않다.

봄철 동백을 따라 산책하기에 좋은 곳, 여름휴가 때는 몽돌해안에서 수영을 할 수 있는 곳, 세상을 잠시 잊고 민박집에 폭 파묻혀 그동안 미뤄왔던 장편 소설 10권 정도는 누구의 방해도 받지 않고 볼 수 있는 곳, 그곳이 바로 지심도다.

우리나라에서 두 번째로 큰 섬 거제도는 사시사철 관광객이 끊이지 않는 곳이다. 하지만 아무래도 거제도 관광은 계절의 시작인 봄이 되면서부터 부쩍 활기를 띤다. 아직 이른 봄맞이 여행이어서 인지 거제도로 들어가는 14번 국도나 신 거제대교는 한가롭기만 하다. 신 거제 대교를 건너 장승포를 가기위해 한참을 달리자 코발트빛 바다위에 떠있는 김 양식장의 하얀 부표가 바다색과 대비 되어서 더욱 선명하게 보인다. 바다만 바라 볼 때면 계절을 쉬이 알 수가 없다. 그래서 바다는 계절을 망각하기에 가장 좋은 관광자

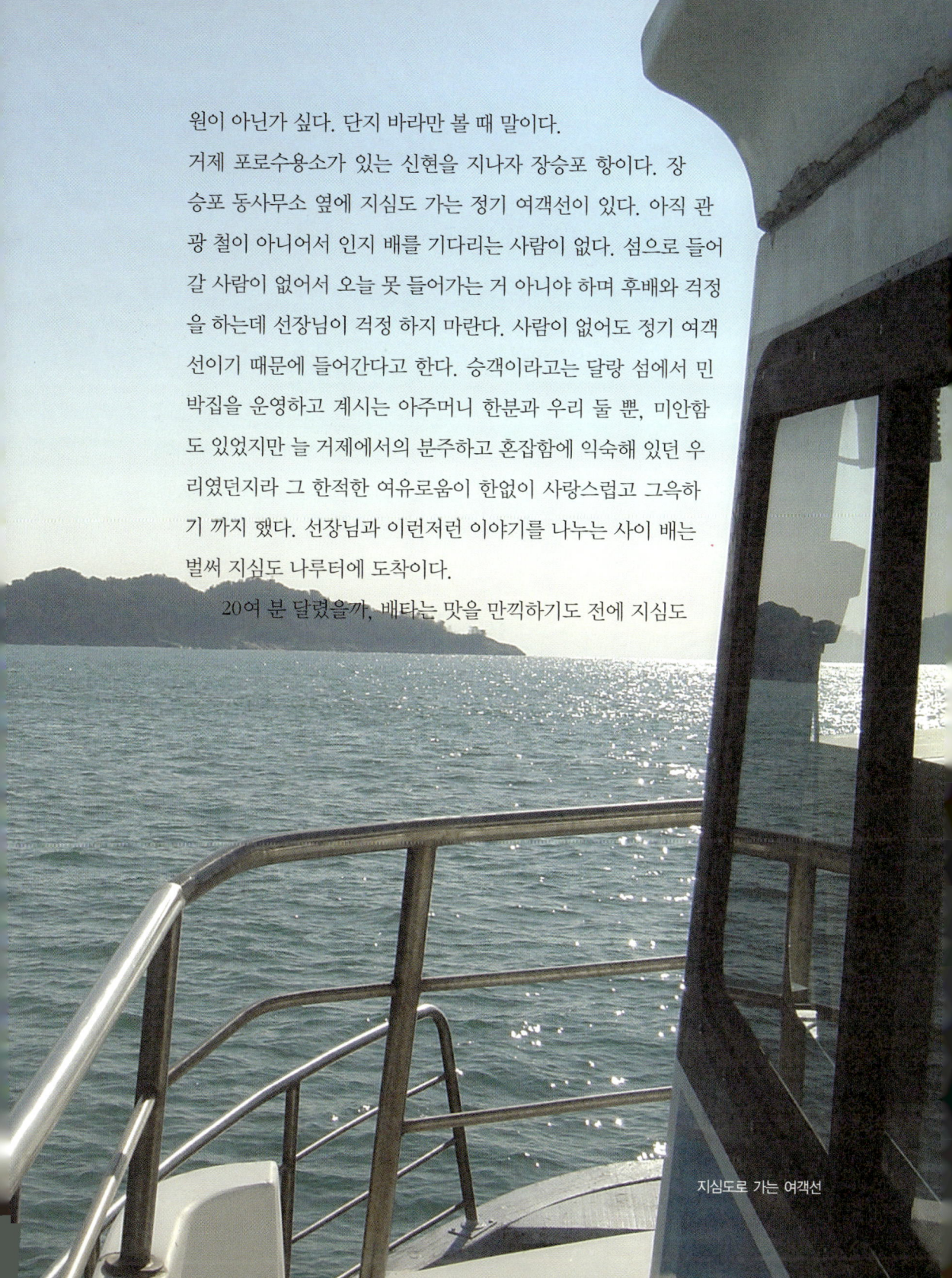

원이 아닌가 싶다. 단지 바라만 볼 때 말이다.

거제 포로수용소가 있는 신현을 지나자 장승포 항이다. 장
승포 동사무소 옆에 지심도 가는 정기 여객선이 있다. 아직 관
광 철이 아니어서 인지 배를 기다리는 사람이 없다. 섬으로 들어
갈 사람이 없어서 오늘 못 들어가는 거 아니야 하며 후배와 걱정
을 하는데 선장님이 걱정 하지 마란다. 사람이 없어도 정기 여객
선이기 때문에 들어간다고 한다. 승객이라고는 달랑 섬에서 민
박집을 운영하고 계시는 아주머니 한분과 우리 둘 뿐, 미안함
도 있었지만 늘 거제에서의 분주하고 혼잡함에 익숙해 있던 우
리였던지라 그 한적한 여유로움이 한없이 사랑스럽고 그윽하
기 까지 했다. 선장님과 이런저런 이야기를 나누는 사이 배는
벌써 지심도 나루터에 도착이다.

　20여 분 달렸을까, 배타는 맛을 만끽하기도 전에 지심도

지심도로 가는 여객선

는 너무도 우리 곁에 가까이 있었던 것이다. 땅의 마음이어서 지심도인가, 아니면 땅의 마음을 알아서 지심도인가. 그것도 아니면 그 섬에 가면 사람의 마음을 헤아릴 수 있는 심미안이 생겨서 지심도 인가... 여러 가지 생각을 하는 사이 그 섬에 사는 아주머니 왈, 하늘에서 보면 섬모양이 '마음 심(心)' 자처럼 생겨서 지심도란다. 이것도 아리송할 뿐 하늘에서 볼 길이 없으니 참으로 답답한 노릇이라고 생각하는데 아주머니 또 한 말씀, 이곳 사람들은 지심도 보다 동백섬이라고 부르니 너무 고민 하지 말라고 하신다. 그렇다 이 섬이 마음심처럼 생긴 것이 무에 그리 중요한가.

단지 나에게 어떤 느낌으로 다가오는 섬인지가 더욱 중요 한 게 아닐까? 우선 조용해서 좋다. 그리고 섬 초입에서부터 난대성 수림이 심상치가 않다. 겨울철이라 아직 화사한 동백이 많이 피지는 않았지만 겨울동백이 여행가의 발걸음을 붙잡기에 충분했다. 약간 경사진 오르막 산책길을 올라가자 그림엽서 속에나 나올듯한 앙증맞은 펜션이 하나 보인다. 재작년부터 온 나라에 펜션 열풍이 불더니 이곳까지 펜션이 생겼구나 하는 아쉬움이 들기도 했지만, 자연을 크게 거스르지 않고 아담하게 지어진 건물이 나름대로 섬의 경치를 돋보이게 하는데 괜찮다는 느낌이다. 나중에 민박집 아주머니께 들은 이야기지만 섬 내에 있는 모든 건물은 주인이 마음대로 증축하거나 고칠 수가 없다고 한다. 다행스러운 일이다. 지심도의 관광형태로 볼 때 이곳은 충분히 보호되어야 한다. 섬에 사시는 분들의 동의 하에 절저하게 자연그대로 섬을 관리해야 개발된 다른 섬과 비교해서 살아남을 수 있을 것 같다. 그저 쉬고 싶고 산책하고 싶은 섬으로 만들어야 할 것 이다.

배에서 내린 3명의 동행자가 이제 둘로 줄었다. 16시 50분 장승포로 나가는 마지막배까지는 시간이 너무도 많아 섬을 볼 수 있는 곳은 다 말해 달라고 했지만 그 말이 얼마나 오만한 말이었는지를 깨닫는 데는 아주머니와 헤어진 지, 채 10분도 되지 않아 금세 알게 됐다. 뭘 다 보겠단 말인가, 이곳에서 살아 보지도 않고 그게 다 욕심이지. 그래서 마음 편하게 먹고 있는 그대로 느끼기로 마음을 고쳐먹었다. 여유롭게 급할 것 하나도 없이 후배와 섬 내 산책길에 나섰다. 포진지로 가기 전에 좌우로 보이는 바다가 흡사 외도에서 바라보는 바다와 닮았다. 단지 이곳은 개발이 되지 않은 자연 그대로가 다를 뿐이다.

누군가 만들어 놓은 나무벤치며 나무 탁자 그리고 초등학교 학생들이 앉는 작은 의자, 산비탈을 깍아 만들어 놓은 작은 텃밭들이 사람 사는 냄새를 느끼게 한다. 나무 벤치에 앉아 푸른 바다를 바라본다. 후배는 '이야~! 정말로 좋아. 다음에 꼭 한번 같이 오자!'며 이곳의 자연을 그녀가 있는 도심으로 날려 보내려 애쓰는 듯하다. 좋은 자연

을 만나면 누군가에게 알려 주고 싶은 심정은 여행을 하는 사람이라면 똑 같은 심리 인 것 같다. 같이 있지는 않지만 공간을 뛰어넘어 공유하고 나눠주고 싶은 마음이 사랑이 아닌가 싶다. 이러한 안타까운 심정으로 지심도를 돌아보고 싶지 않으면 꼭 애인이나 사랑하는 사람과 같이 가보라 권하고 싶다. 천천히 걸으면서 자연과 함께 밀어를 속삭인다면 풋사랑은 더욱 애정이 깊어 질것이며 한참 진전된 사이라면 더욱더 관계가 돈독해 지리라 확신한다.

여기서 포진지 쪽으로 방향을 잡지 않고 경비행기 활주로가 있는 동쪽으로 간다. 얼마를 갔을까, 울창한 숲길이 일순 확 트이면서 잔디밭이 나온다. 그리고 양쪽으로 바다가 보이는데 남서쪽으로 날씨가 좋은날에는 대마도를 볼 수 있다고 한다. 운이 좋았는지 멀리

대마도가 희미하게 보인다. 후배는 거제도에 많이 와봤지만 대마도는 처음 보는 거라며 좋아한다. 바다를 바라보는 후배의 뒷모습에서 여행자의 마음을 읽는다. 다들 바다를 보며 무슨 생각을 할까? 무언의 대화, 분명 많은 이야기를 나누는 것 같은데...

섬 내에 살고 있는 주민이 총 15가구에 25명 정도라고 했으니 섬사람을 보기는 애초에 어려울 것이라고는 생각했지만 역시나 사람이라고는 단 둘뿐 아무도 없다. 동쪽 끝에서 다시 선착장 쪽으로 방향을 잡아 가는데 생각지도 못했던 대숲이 나타난다. 우연히 길을 가다가 고향 친구를 만난 것처럼 생뚱맞기도 했지만 무척 반갑다. 약간 지루해질만하니 대숲이 나와 또 다른 기분을 선사한다. 대

처심도 몽돌해변

숲이 끝날 때 쯤 해서 음악소리가 들린다. 어디서 흘러나오는 음악일까?

피싱하우스라는 민박집에서 나오는 음악이다. 주인은 없고 음악만 외로운 민박집 마당을 지키고 있다. 어디에 간 걸까, 계세요! 를 외쳐 보지만 아무런 대답이 없다. 둘이서 음악만 듣다가 발걸음을 돌리려는데 숲 사이 오솔길로 50대 정도로 보이는 아저씨가 긴 머리를 묶은 모습으로 나타난다. 민박집 주인장 신만부님이시다. 혼자서 민박집을 꾸려 나가신다고한다. 그저 스쳐가는 모두가 친구이자 좋은 말벗이라고 한다. 가족은 부산에 떨어져 살고 있으며 보고 싶은 사람이 먼저 찾기로 했는데 주로 아내와 자식들이 이곳으로 찾아온다고 한다. 이 집에는 주로 낚시꾼들이 머물다 간다. 언젠가는 작가라는 사람이 들어와서 한 2주 정도 책만 읽다가 간 경우도 있다고 한다. 그래, 지심도... 조용히 쉬면서 책 읽기에 딱 좋은 여행지인 것 같다. 시간이 없어서, 마음의 여유가 없어서 못 읽었던 책을 원초적인 자연과 벗하면서 읽는다는 것, 생각만으로도 정말 근사하다.

지심도 민박집 피싱하우스

피싱하우스 앞에는 올 봄에 방영되었던 드라마 〈홍콩 익스프레스〉에 나오는 아담한 집 한 채가 푸른 바다와 어우러져 멋진 풍경을 만들어 낸다. 이곳에서 바라보는 바다 풍경이 지심도의 다른 어느 곳 보다 아름다운 것 같다. 드라마를 통해 멋진 장면들이 전파를 탔으니 많은 사람들이 이곳을 찾겠지. 그때도 이러한 여유와 낭만을 찾을 수 있을까? 어쨌든 따뜻한 커피 한잔과 인생강의를 듣는 사이 시간은 어느덧 흘러 배 탈 시간이 가까워져 버렸다.

한적한 산책길 따라 했던 지심도 여행, 요즈음 '休'가 트렌드라고 하던데, 정말로 딱 맞는 여행지이다. 큰 번잡함 없이 조용히 사색하면서 책읽기에 좋은 섬 지심도. 올 봄 동백이 지천으로 필 때 쯤 지심도로 떠나보자! 봄의 전령 동백과 푸른 바다, 한가로운 오솔길, 그리고 마음 따뜻한 지심도 섬사람까지 나그네의 마음을 풍요롭게 해줄 많은 것들이 기다리고 있기에 배를 타고 나오는 여행가의 마음은 어느샌가 또 다시 지심도로 향하고 있다.

감동 100배 Tip

1) 남해고속도로 서마산IC(14번 국도) → 고성 → 통영 → 거제대교 → 장승포
2) 남해고속도로 사천IC(3번 국도) → 사천읍(33번 국도) → 고성(14번 국도) → 통영 → 장승포

배편 : 장승포항 지심도 도선장(055-681-6007)에서 지심도행 도선이 운항된다(소요시간 20분).
 - 3월 ~ 9월 08:00/10:30/12:30/14:30/16:30
 - 10월 ~ 2월 08:30/12:30/16:30

지심도내 민박가능 : 박미옥 055-681-7180, 016-9664-7180
　　　　　　　　　피싱하우스 055-682-4024

옥포정회식당(055-681-4555, 682-3007) - 회, 낙지전골, 해물탕

Andre Gagnon(앙드레 가뇽) - Reves D'Automne(앨범)

Season
Two

Summer

여름

죽고 싶도록
삶이 힘들 때...

자유, 고독, 희망이 있는 **소매물도**

삶과 죽음, 누구나 살아가면서 한번쯤은 심각하게 고민해본 단어들일 것이다. 하지만 죽는 다는 게 어디 쉬운 일인가. 개똥밭에 굴러도 저승보다 이승이 낫다는 말도 있지 않은가. 또한 프랑스 시인 폴 발레리는 "바람이 분다, 살아야겠다."라는 명구를 남기지 않았는가. 그렇다. 아무리 삶이 힘들고 지치더라도 바람이 부는 미묘한 현상에서도 살아야겠다는 희망이 솟는다고 시인이 말했듯 우리가 악착같이 살아야 할 이유는 명백하다.

정신적으로 어려울수록 투명한 햇살을 많이 받거나 좋은 사람들과 여행을 떠나야 된다고 한다. 여행을 하다 보면 용서할 수 있고 또한 새로운 곳을 봄으로써 자극을 받기 때문인 듯 하다. 힘들면 과감하게 떠나라고 말해주고 싶다. 삶이 힘들거나 미치도록 아름다운 섬들이 보고 싶을 때, 소매물도로 가보라! 우리가 꿈꾸던 유토피아적 섬들이 그대를 위무해 줄 것이다.

소매물도에 가기 위해서는 먼저 경상남도 통영시에 가서 배를 타거나 거제도 저구항에서 정기여객선을 타면 된다. 거제도 저구항 코스는 최근에 생긴 코스로 소매물도에 가장 빨리 갈수 있는 항로이며 배 멀미도 심하지 않고 빠르게 들어갈 수 있다. 고

夏......Summer

소매물도 등대섬

성을 지나면 동양의 나폴리라 불리는 통영이 나타난다. 이 통영이란 이름의 유래는 통제영의 줄임말로서 조선시대 지금의 해군 총사령부에 해당되는 삼도수군통제영이 있었던 이유로 통영이라 불려지고 있다. 많은 사람들의 기억에 충무라는 지명이 아직까지도 생생하게 남아있을 것이다. 필자 또한 충무 김밥, 동양의 나폴리 충무, 문학과 예술의 도시 충무로 익숙해졌으니까... 충무란 이름은 1955년 9월 통영읍이 충무시로 승격되면서 40여 년간 불렸다. 그 후 1995년 1월 충무시와 통영군이 통합되면서 충무란 이름이 없어지고 통영시라 불리게 된 것이다. 통영 사람들은 이곳 역사와 인물에 대한 자긍심이 대단하다. 임진왜란 때 전라 좌수사였던 이순신 장군이 이곳 경상 우수군 관할까지 출정하여 통영 앞바다에서 우리나라 해전사상 가장 큰 승리로 평가 받고 있는 한산대첩을 이뤘다는 사실에 가슴 뿌듯해 할 뿐 아니라 그 위업을 기려 곳곳에 기념비와 사당을 세워 수많은 호국영령들의 높은 뜻을 되새기고 있다. 또한 천재 음악가 윤이상, 깃발의 시인 유치환, 그리고 토지의 박경리 선생님까지, 이렇게 훌륭한 인물을 배출한 곳이니 문화 예술의 도시라고 자랑할 만하지 않은가. 예술의 혼이 배어 있어서 더욱 정감이 가는 해양 도시이다.

이번 여행에서는 거제도 저구항에서 소매물도를 들어가기 위해 통영을 지나쳐간다. 우리나라에서 두 번째로 큰 섬 거제도는 정말로 아름다운 여행지가 많은 곳이다. 학동 해변은 겨울철에는 일출을 볼 수 있어서 좋을 뿐만 아니라 한여름에는 물이 깨끗하고 몽돌로 된 해변 때문에 많은 사람들이 찾는 피서지이다. 학동에서 저구항으로 가다보면 남부해금강의 신선대 낙화암의 경치를 만나게 된다. CF에 배경이 되었던 주유소 덕분에 많은 관광객들에게 사랑을 받는 곳이다. 시간이 많지 않아 거제도 구석구석을 둘러볼 시간이 없으면 신선대 전망대에서 소매물도 경치를 바라보는 것만으로도 좋은 코스이다. 남부해금강 들어가는 갈림길에서 해안도로를 따라 10여 분을 달리면 저구항이다.

소매물도 등대섬 서쪽의 해안 풍경

저구항 바로 옆에 명사 해수욕장이 있어 여름철에는 많은 피서객들로 붐비는 항구이다. 작년에 처음 항로가 개설돼 지금은 많이 알려지지 않았지만 배를 짧게 타도 된다는 장점 때문에 앞으로 소매물도 가는 관광객들이 점차 늘 것으로 기대된다.

8시 30분 드디어 출항, 40분정도 밖에 되지 않는 짧은 항해이기에 부지런히 선장님께 한려수도 여러 섬들에 대해서 설명을 듣는다. 항구를 빠져나와 10여 분을 달리자 맨 먼저 오른쪽으로 한산섬이 보인다. 한려수도의 시작점으로서 섬 경관이 수려할 뿐만 아니라 이순신 장군의 숨결이 곳곳에 배어있는 섬이다. '한산섬 달 밝은 밤에 수루에 홀로 앉아'로 시작되는 시를 읊던 역사 깊은 수루, 작전 계획을 세우고 군사를 진두 지휘하던 제승당, 충무공의 얼을 기린 충무사 등이 있어 많은 관광객들이 찾는 섬이다. 특히나 파도가 높아 먼 바다까지 나가기 어

려운 날, 리아스식 해안이 파도를 막아주는 방파제 역할을 하기 때문에 큰 위험 없이 한산섬을 관광할 수 있다.

한산도를 오른쪽으로 비켜나자 장사도란 섬이 나타난다. 선장님이 장사도가 앞으로 3년 후면 개발이 되서 외도 못지않은 관광지가 될 것이라고 알려 주신다. 외도처럼 해상농원 개념이 아니라 천연 생태공원으로 개발이 될 것이라고 하니 몇 년 후면 유명 관광지가 될지도 모르겠다. 대매물도를 지나 오륙도 바위섬을 오른쪽으로 두고 앞으로 나아가자 소매물도가 손에 잡힐 듯이 나타난다. 멀리보이는 소매물도는 평범 그 자체, 누가 저 섬을 두고 한려해상국립공원의 파라다이스니, 그리스의 아름다운 섬을 옮겨다 놓은 것 같다고 했단 말인가! 적지 않은 실망감으로 섬을 주시한다. 소매물도에 배를 접안하자 소매물도 주민이신 할아버지가 관광객들을 기다린다. 1인당 5,000원을 주고 소형 모터보트를 타고 소매물도 등대섬에 가기위해 몸을 싣는다. 와, 이렇게 작은 배가 저 파도를 헤치고 갈수 있단 말인가, 순간 두려움도 있었지만 소매물도항을 오른쪽으로 돌아가자마자 언제 그러했냐는 듯이 금세 잔잔한 바다가 된다. 이내 소매물도 좌측으로 배가 비켜나자 눈을 의심케 하는 멋진 광경이 눈앞에 펼쳐졌다. 천태만상의 기암괴석이 깎아질러 섬 절벽을 이뤄 마치 금강산의 만물상을 떼어다 놓은 양 변화무쌍하다. 감탄사가 저절로 터져 나온다. 하지만 지금의 이 풍경은 소매물도 아름다움의 전주일 뿐, 십자 동굴로 배가 들어가자 둥그렇게 파란 하늘이 보이고 사방이 바위설벽이다. 작은 모터 보트로 남서쪽 바위절벽을 어떻게 둘러 봤는지 모를 정도로 빠르게 시간이 지나간다. 이제는 소매물도 등대섬에 내려야 할 시간, 선장님이 등대섬에 뱃머리를 대자 조심스럽게 섬으로 내려간다.

거대한 공룡처럼 생긴 바다절벽이 특이하다. 멀리 소매물도가 보이고 등대섬과 소매물도를 이어주는 바닷길이 물이 빠지면서 막 열리려 하고 있다. 천상의 세계와 사람들이 살고 있는 이승을 이어주는 다리인양 서서히 열리는 몽돌 바닷길은 이 섬의 신비스러움을 더해준다.

　　건너편에 대 여섯 명의 관광객들이 이쪽 등대섬으로 건너오기 위해 물길이 빨리 열리길 기다리고 있다. 한 30여 분이 지났을까, 뱃시간이 가까워져 무릎까지 옷을 걷어 올리고 몽돌 바닷길을 건넌다. 아가씨들이 박수를 쳐준다. 아프리카 누우떼가 강을 건너기전 한참을 머뭇거리다가 한 놈이 건너면 수많은 누우떼가 건너가듯 우리도 마찬가지로 한 명이 건너자 모두가 이쪽저쪽으로 건너기 시작한다. 이제는 소매물도다. 정상에서 등대섬의 풍경을 바라볼 수 있는 곳, 급경사를 오르자 등대섬이 한눈에 들어온다.

　　여름 야생화가 핀 푸른 초원을 지나 전망이 좋은 등대섬 정상 가까이

올라가던 발길을 멈추고 뒤를 돌아보는 순간, 시원스레 조망이 한눈에 들어온다.

　　비취빛 바다, 초원위의 하얀 등대, 투명한 하늘, 소매물도의 진수는 새끼섬인 등대섬이다. 언젠가 CF촬영으로 일명 쿠크다스섬이라고 널리 알려진 등대섬이 없다면 우리가 소매물도를 찾을 이유가 별반 없을 정도로 등대섬은 소매물도 여행의 백미이다. 일제시대, 일본이 군수물자를 실어 나르는 뱃길을 밝히기 위해서 세운 등대가 너무도 순수한 모습으로 서있으면서 이국적인 풍경을 만들어낸다. 소매물도 정상에 앉아 등대섬과 비취빛 바다를 보고 있노라면 탁한 세상에 찌든 욕망 덩어리가 그 순수한 자연에 동화되면서 찾아오는 평화 같은 것이 느껴진다. 지독히 외롭다가도 어디 선가 불어오는 천국의 향기에 삶의 희망이 불 지펴지는 곳, 아아, 소매물도!

감동 100배 Tip

경부고속도로 → 대전 → 대전-진주간 고속도로 → 진주방향(2시간정도 소요) → 사천 IC에서 빠짐 → 고성(33번 국도) → 통영(14번 국도) → 거제대교(14번 국도) → 거제도진입 → 14번 국도를 따라 내려가면 저구항 → 저구항 여객선 터미널(055-633-0051, 681-3535) → 소매물도

학동소재 송월학(055-636-8265) - 회, 아침식사로 해물된장찌게
퀸크루즈(055-635-7611)

김장훈 - 사노라면, 이승환 - 멋있게 사는거야

나만의 천국을 꿈꿀 때...

섬 속의 작은 천국
외도 해상농원

가끔 좋은 터를 잡아서 집을 짓고 자연을 친구 삼아 살고 싶다는 생각을 한다. 오랜만에 찾아오는 친구들과 이야기꽃을 피우며 차를 대접하는 꿈, 하지만 현실은 우선 돈이 부족하다. 땅도 사야 되고 집도 펜션 만큼은 아니더라도 통나무에 흙집이라도 지어야 할 텐데, 그것도 마찬가지로 솔찬히 돈이 들어 갈 것이다. 그래도 내손으로 집을 지어서 살고 싶다. 이러한 꿈이 이루어지기 위해서는 집념이 필요하다고 생각한다. 외도를 가꾼 이창호 선생 부부처럼 말이다. 외딴섬에 들어간 그들은 불가능할 것만 같았던 꿈을 이루고야 만다. 다들 마찬가지일 것이다. 나름대로의 이상을 꿈꾸며 열심히 하루하루를 살아간다면 비록 외도처럼 정말로 근사하지는 않겠지만 언젠가 그 꿈을 이룰 것이다. 또한 누추한 흙집일지라도 만족하며 생활할 줄 안다면 우리들 모두 외도보다 더욱 멋진 천국을 가진 셈이다.

여행을 하다보면 자극을 받는 경우가 많다. 여행지에서 일가를 이룬 분들을 만날 때면 나도 저렇게 멋지게 살 수 있을까, 라는 생각을 하게 된다. 특히 외도에 가면 그러한 생각이 더더욱 간절하다. 너무도 아름다운 바다를 바라보면서 평생을 가꿔놓은 인공의 섬을 밟을 때면 자연과 사람에 대한 존경심이 인

다. 외도에 갈 때면 나만의 이상을 꿈꾸어 보자, 그리고 각자의 삶터에서 나만의
섬을 만들어 보자.

피서철에 떠나기 좋은 거제 해금강과 몽돌해안

거제 해금강을 가기 위해서는 여러 곳에서 유람선을 탈 수가 있다. 유람선을
타기 전에 학동 몽돌해안이나 신선대 낙화암에 가는 것도 좋은 코스 선정이다.
특히 학동 몽돌해안에 밀려 온 파도가 씻겨 나가면서 만들어내는 몽돌 구
르는 소리는, 뭐랄까 장난끼 많은 개구쟁이들의 합
창 같기도 하다. 또~르륵 또~르륵 소리가
너무나도 투명하고 맑아서 한참을 해
변에서 발걸음을 떼지 못하게 한다.

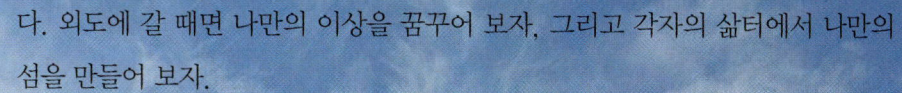

학동의 보물은 바로 인공적인 그 어떤 소리도 흉내 낼 수 없는 이 자연의 합창이 아닌가 싶다. 또한 몽돌해안에서 서남쪽으로 한 10여 분 가다보면 동백나무군락지가 있어 3~4월이면 붉은 동백의 아름다움도 볼 수가 있다. 이곳에는 희귀조인 천연 기념물 팔색조가 산다고 하는데 최근에 그 울음소리를 들었거나 봤다는 사람을 본적이 없다. 거의 전설에 가까운 새가 되버린 듯해 아쉬울 따름이다.

학동 나루터에서 유람선을 타고 20여 분을 가면 거제 해금강의 절경이 하나 둘씩 펼쳐진다. 섬의 원래 이름은 칡의 뿌리가 뻗어 내린 형상을 하고 있다고 해서 갈도였으나 해안단애의 기암절벽이 강원도의 해금강만큼 아름답다고 해서 해금강이라 불려지게 됐다. 해금강 명승지에 들어서면 제일 먼 저 눈에 띄는 건 아슬아슬한 바위절벽 에서 고기를 낚는 낚시꾼들 이다. 한류와 난류가 만 나는 교차점으로

감성돔이나 볼락 등 고급 어종이 많이 잡혀 낚시광들에게는 최고의 포인트로 각광을 받고 있기도 하다. 그리고 나서 서서히 펼쳐지는 바위들의 군상! 병풍바위, 신랑신부바위, 거북바위 등등... 절벽 끝에 천년의 세월을 의연히 이겨냈을 것 같은 해송, 그 위를 힘차게 비상하는 흰갈매기떼 그리고 쪽빛 바다. 이러한 절경이 기다리고 있기에 우리는 그 멀기만 한 여로를 마다하지 않고 나서는 게 아닌가 싶다. 유람선이 십자동굴을 들어갈 때면 키를 잡은 선장이며 안내하시는 분들의 몸놀림이 신중해진다. 좁은 바닷길을 가야하기 때문이다. 또한 여행객들은 숨을 죽인다. 보이는 건 파란하늘과 깎아지른 듯한 절벽뿐. 기암절벽의 멋진 경치를 선사할 뿐만 아니라 팽팽한 긴장감을 동시에 주는 곳이 거제 해금강이다.

인공과 자연의 조화가 뛰어난 외도(밖섬)

아주 옛날에 구조라 앞바다에는 안섬(내도)만 있었단다. 그런데 어느날, 대마도 가까이 살던 밖섬(외도)이 여자섬인 내도를 향해 떠오는 것을 보고 놀란 아주머니가 "섬이 또 온다"고 고함을 치자 섬이 지금의 자리에 멈추어 버렸다고 한다. 그래서 지금도 약간 떨어져서 마주보고 있다.

위의 이야기는 내도와 외도에 관련된 지역 전설이다. 지금도 내도에는 주민들이 살고 있으며 넉넉한 자태가 여인네의 포근함같아 여자 섬이라고 하고, 외도는 그 생김이 약간 직선적이고 깎아지른 절벽이 많아 외도(남자 섬)로 불리 운다.

이렇듯 외도는 내도와 거제 해금강이 있어서 관광지로서의 입지조건이 최적이라 할 수 있다. 이러한 외도를 1972년에 사들여서 30여 년을 가꾼 이창호 부부의 집념어린 인생 역정이 존경스럽다. 섬 내를 관광하다 보면 인공적으로 조성된 온갖 식물들이며 섬 내 테마공원의 조각이나 벤치, 이국을 연상케 하는 건물들이 주변경관과 어울려져 빼어난 경치를 선사한다. 하지만 이곳이 처음부터 지상 낙원이었던 것은 아니었다. 초창기에는 물도 나오지 않아 식수조차 부족했다고 한다. 수맥을 찾기 위해 여러 날을 고생했지만 한 방울의 물도 얻지 못하고 포기상태에 이른다. 인부들이 철수하기 전 날, 지금은 고인이 되신 이창호 선생이 꿈을 꿨는데 섬 중앙에서 물이 솟아 바다로 떨어지는 꿈을 꾸었다고 한다. 그 다음 날 간다고 하는 인부들을 달래 마지막으로 섬 중앙을 파게 했고, 약 17미터 지점에서 수맥이 터져 식물을 가꾸고 식수로 쓰기에 부족함이 없는 많은 물이 나오게 됐다고 한다. 그 후 밀감을 곧바로 심었다가 76년 겨울에 밀어닥친 한파로 3천 그루의 밀감이 거의 동사해 버린다. 그 뒤에는 사과나무를 심어봤지만 태풍으로 실패한다. 거듭된 시련으로 사기가 떨어질 즈음 해금강의 잠재적 관광가치를 인지한 이창호 선생은 세계적인 관광농원으로의 개발을 꿈꾸며 20여 년을 가꾸어서 1995년 4월 14일에 개원을 하게 된다. 지금은 수많은 관광객들이 거제 해금강과 함께 이곳을 찾고 있다.

처음 외도 나루터에 도착하면 영화에 나오는 그림 같은 별장이 있는 섬에 내리는 듯한 기분이 든다. 언덕길로 올라서면 봄이면 빨간 동백이 관광객들을 맞이하고 그 뒤로 향나무, 사철나무, 하늘로 쭉쭉 뻗은 종려나무가 빽빽이 심어져있어 아열대 어느 섬에 온 듯한 착각에 빠질 정도이다. 선인장이 있는 언덕길을 올라서면 잘 가꾸어진 꽃들이며 파란 잔디와 나무들, 그러한 나무들 사이에 스페인풍으로 놓여져 있는 하얀 벤치가 있다. 이곳 비너스 가든에 들어서면 아무리 감각이 무딘 관광객일지라도 셔터 누르기에 바쁘다.

관리사무소 옆 공터를 계절과 기념일에 맞춰 꾸며놓아 가족단위로 찾는 아이들에게 꿈과 사랑을 심어주는 공간이 있어 사랑스런 곳이다. 이렇듯 세심한 곳까지 관광객들을 위한 배려가 있어 더 많은 사람들이 찾는 것인지도 모른다. 특히 화장실에서 일을 보면서까지도 거제 해금강의 아름다움을 만끽할 수 있게 설계한 구조에서도 잔잔한 감동을 받는다.

바닷바람에 흔들리는 대숲을 지나 동섬 쪽으로 가다보면 천혜의 요새처럼 느껴지는 전망대가 나온다. 유럽의 어느 성에 온 듯 멀리 동섬에는 낚시꾼들이 낚시하는데 여념이 없다. 앞으로 그 동섬까지 다리를 놓아서 공룡발자국이며, 기

암절벽의 비경을 가까이서 볼 수 있도록 개발한다고 하니, 몇 년 후에 찾는다면 더 많은 볼거리가 기대된다. 전망대를 지나 아이들의 천진난만한 조각상이 있는 공원에서 외도의 풍경을 한 눈에 내려다볼 수 있다. 자연미가 아닌 인공적인 아름다움도 그 뒤에 숨어있는 사람의 땀과 슬픔이 배어있음을 느낄 때 자연의 아름다움 못지않게 훌륭한 것임을 알 수 있는 섬이다.

그렇다. 외도는 사람의 꿈과 희망이, 그리고 자연적인 아름다움이 공존하는 섬이다. 5~8월에 찾는 외도는 섬 내 어딜 가나 울창한 숲이며 온갖 꽃들이 그야말로 지상낙원을 연출해서 일년 열 두 달 중 관광하기에 가장 좋은 때인 것 같다. 여름 휴가철 학동몽돌이나 여차 몽돌해안에서 해수욕을 즐기나가 시루하면 유람선을 타고 거제해금강과 외도를 둘러보면 좋은 스케줄이 될 것이다. 외도와 거제 해금강, 그리고 학동해변이 있는 거제도는 나만의 천국이 되기에 충분하다. 올여름 유쾌한 피서를 상상하며, 어딘가에 있을 나만의 섬을 응시하며 발길을 돌린다.

감동 100배 Tip

도로안내 : 경부고속도로 → 대전 → 대전-진주간 고속도로 → 진주방향(2시간정도 소요) → 사천 IC에서 빠짐 → 고성(33번 국도) → 통영(14번 국도) → 거제대교(14번 국도) → 거제도진입 → 14번 국두를 따라 내려가면 6개이 유람선 터미널 → 각 유람선 터미널(남부해금강 유람선사 055-633-3079) → 외도

고속버스/시외버스 이용 : 거제 장승포시외버스터미널(055-681-1002(자동안내)), 8619(사람이 받는 전화)

현지교통 : 시외버스-거제 장승포시외버스터미널(055-681-1002(자동안내)), 8619(사람이 받는 전화) 혹은 택시

외도에서는 숙박이 불가능하고, 상륙관광만 가능(1시간 30분간)

거제시내의 시설 이용. 각 해수욕장 주변의 민박시설(학동소재 송월학(055-636-8265) - 회, 아침식사로 해물된장찌개

퀸크루즈(055-635-7611)

Lisa Ono(리사 오노) - Pretty world

테마여행
가이드가 되고 싶을 때...

한국의 美를 찾아서
보성차밭과 **선암사**

요즈음 주5일제 시행으로 인해서 파티 기획가, 공연 연출가, 박물관 큐레이터 등 많은 직업군이 유망 직업으로 새롭게 부상하고 있다. 열심히 일한 사람들에게 좋은 여행지를 소개하고 또한 같이 여행 하면서 관광지 안내 뿐만 아니라 그들과 말벗이 되어주는 여행 가이드 및 여행 기획가도 예외는 아니다. 아쉽게도 여행 가이드 하면 최근 까지도 꼭 좋은 시선만을 가졌던 것은 아니었던 게 사실이다. 하지만 요즈음 문화유산 해설사, 답사회 강사 및 가이드, 그리고 테마여행 진행자까지 많은 분들이 건전한 여행 문화를 창출한다는 커다란 자긍심을 가지고 소중한 문화유산 및 우리의 전통 문화를 알리기 위해 정말로 열심히 활동을 하고 있다. 이들이 있기에 여행이 더욱 알차고 재미있다고 해도 과언이 아니다.

이러한 추세에 발 맞춰 많은 사람들이 국내여행 가이드가 되기를 희망하고 있다. 우선 많은 곳을 다녀보라 말해주고 싶다. 그리고 열심히 공부해서 우리 문화유산을 보는 안목을 높이게 된다면 정말로 훌륭한 가이드가 될 수 있으리라 확신한다. 국내 테마여행 가이드가 되기 위해서 필수로 다녀와야 될 곳은 헤아릴 수 없겠지만 보성차밭이나 외도 그리고 한국적 아름다움이 고스란히 배어있는 부석사까지, 일반 사람들이 가장 선호하고 많이 찾는 관광지를 우선으로 여행해 보기로 하자.

　　봄기운이 완연하다. 이맘때가 되면 많은 사람들이 봄꽃을 보기 위해 남쪽지방을 찾는다. 동백으로 시작한 봄은 매화와 노란 산수유가 앞 다퉈 피기 시작하고 화사한 벚꽃이 필 때면 남쪽의 봄도 절정에 다다르게 된다. 멀리 푸른 보리밭 고랑사이로 아지랑이가 피어오르고 분주하게 논갈이를 하는 농부의 모습이 보인다. 유년의 보리밭은 꼬맹이들의 놀이터이자 수많은 추억을 선사한 곳, 그래서 우리 같은 사람에게 보리밭은 고향과 같은 푸근함을 준다.

보성을 지나 남쪽으로 계속해서 나아가자 봇재가 나온다. 오른편으로 다향각이 서있고 거기에서 산 아래쪽을 바라보는 조망이 시원스럽다. 마치 엄지손가락의 지문처럼 빙빙 도는 게 약간은 어지럼증까지 동반하는 듯하지만 이내 정신을 차리고 줄줄이 늘어선 차 고랑을 감상하다 보면 아! 한국의 아름다움이라는 게 바로 이런 것이 아닐까...

다향각에서 10여분 을 달리면 율포 해변, 그리 크지 않은 한적한 포구인데 많은 배들이 바닷가에 정박해 있다. 아직 철이 고기가 많이 잡히지 않는 때라 배도 쉬고 있단다. 배야 좋겠지만 어부들의 근심이 이만 저만이 아닌 것 같다. 요즈음은 쭈꾸미가 그나마 좀 잡히는데 소라껍질을 엮은 미끼가 해변 이곳저곳에 널려 있다.

율포 해변의 지형은 좀 특이하다. 분명 바다라고 했는데 좌우로 육지가 보이고 도통 해변 같지가 않다. 호수 가장자리에 있는 듯, 하지만 유심히 남쪽을 바라보면 마치 호리병의 주둥이처럼 터진 곳이 있는데 여기서 답은 나오게 돼 있다. 보성만의 깊숙함이 이러한 특이한 느낌의 해변을 만들어 준 것이다. 멀리 방파제가 있어 좀더 가까이 바다를 보기위해 그곳으로 발걸음을 돌려 보지만 그곳도 사람이라고는 조개를 까고 계시는 나이 지긋한 할머니뿐이다.

율포에는 갈매기와 고깃배만 있는 것이 아니라 녹차 해수탕도 있다. 이 지역에서 많이 나는 녹차와 천연 해수 암반에서 끌어 올린 바닷물을 혼합한 탕을 개발했는데 피부병, 신경통 뿐만 아니라 피부미용에도 상당한 효과가 있다고 한다. 탕에 들어가기 전에는 시커먼 물이 있어 저런 물에 어떻게 들어가나 했는데 물이 더러워서가 아니라 녹차성분이 섞여서 그렇단다. 해수탕의 또 하나 볼거리는 탕에서 바라보는 바닷가 풍경이다.

율포 해변에 가거든 보성군청에서 직영하는 녹차해수탕에 꼭 한번 들러서 피로도 말끔히 씻어내고 피부도 뽀송뽀송하게 만들어가지고 가길 바란다. 열정적으로 그리고 정말로 친절하게 안내해주시는 보성군청 녹차해수탕 팀장님의 자세한 설명도 들을 수 있어서 더더욱 알찬 여행이 될 것이다.

아쉬운 율포 해안을 뒤로 하고 CF 촬영지로 유명한 대한다원에 가기위해 다시 봇재를 향해 달린다. 보성 차밭에 들어서자 제일 먼저 쭉쭉 뻗은 삼나무가 우리들의 시선을 사로잡는다. 그놈 참 미끈하게 잘 빠졌네를 연발하며 안으로 들어가니 관리사무소와 차와 음식을 먹을 수 있는 다원이 나온다. 그곳에서 안쪽으로 더 들어가면 수녀와 비구니가 자전거를 사이좋게 타던 CF 녕상소가 펼쳐진다. 이쯤가면 많은 사람들이 아! 이곳이구나를 연발하며 사진 찍기에 여념이 없다. 차밭사이로 삼나무 가로수가 심어져 있고 하얀 오솔길이 S자를 그리며 산 위쪽의 통나무집까지 연결이 되어 있는데 한 폭의 수채화다. 어쩌면 저리도 부드러운 이미지를 보여줄 수 있을까, 한참을 생각해 보는데 따로 답이 없다. 인간의 내면에 잠재돼 있는 본성 중에 분명 부드럽고 포근한 그 무엇 때문에 많은 사람들이 그 따뜻한 영상에 감동하고 좋아했는지 모를 일이다. 위에

서 내려다보는 풍경, 그리고 내려오면서 차밭을 올려다보는 경치가 사뭇 다름을 느낄 수 있다. 고랑사이로 사람들이 줄지어 걸어가는 모습은 마치 구도자의 행렬인 듯 숙연하다. 차밭을 한바퀴 돌아 본 뒤 관리소 옆 다실에서 녹차 한잔을 따른 뒤 향긋한 녹차를 음미한다. 향기와 맛 그리고 마음까지 가지런하게 하고 마시는 폼이 제법 다도를 아는 사람 같아 보이지만 나 또한 다도에는 영 문외한이어서 제대로 즐기기에는 무리가 있고 어설픈 흉내에 만족해야 했다. 이곳에는 사찰이나 전통 다실에서 볼 수 있는 차용구가 준비돼 있지는 않다. 편리하게 녹차를 즐길 수 있도록 약식으로 준비를 해놓은 듯 하다.

하지만 마시는 마음만큼은 모두가 경건해서 조용조용 이야기를 나누고 세상사 속되지 않은 따뜻하고 아름다운 이야기를 나눠 보려는 눈치이다. 참, 하나더. 보성 녹차 아이스크림을 빠뜨리면 서운할 것 같다. 보성 차밭에 가면 꼭 한번 먹어보라! 달지 않은 녹차의 풋풋한 향이 그만이다.

부드러움의 극치 선암사

보성차밭에서 선암사에 가려면 보성과 벌교를 지나야 된다. 보성하면 차밭도 유명하지만 보성소리를 빼놓을 수 없다. 서편제와 동편제를 혼합한 보성소리는 그들만의 독특한 소리를 만들어내서 수많은 명창을 배출한 고장이기도 하다. 이러한 보성에서 동쪽으로 2번 국도를 타고 20여 분을 달리면 벌교가 나온다. 벌교에 가서 주먹자랑 하지 말라는 소리가 있듯이 벌교에 가서 힘자랑 했다가는 큰 코다치기 일 수다. 일제시대 많은 물산이 벌교를 통해 들어오고 나간 역사적 배경을 생각해 보면 이해가 갈 것이다. 이러한 벌교에는 유명한 다리가 있다. 벌교 시내에 놓여져 있는 홍교는 일명 무지개다리라고 하는데 이 교각은 선암사의 승선교를 만든 스님들이 기술을 전수해 만들었다는 이야기가 전해져 내려온다.

선암사는 태백산맥을 집필한 조정래 작가의 흔적이 배어 있는 곳이기도 하고 또한 우리나라 태고종의 총본산으로 산 너머 승보사찰로 유명한 송광사와 더불어 조계산의 2대 명찰이다. 선암사에 가거든 꼭 봐야 할 명물이 있다. 절 초입에 위치한 승선교와 강선루가 그 첫 번째이고 둘째는 선암사 뒷간, 그리고 대웅전 뒤편으로 나있는 오솔길.

이 길은 꽃과 돌담이 소담하게 어우러져 무심코 찾은 관광객들의 사랑을 한 몸에 받는 곳이다. 선암사는 시간적 여유를 두고 천천히 음미하면서 구경을 해야 된다. 특히 봄철 많은 꽃들이 경내에 필 때면 마치 천상의 화원에 온 듯한 착각이 들 성노로 꽃향기로 가능하다. 또한 선암사에 가거든 해우소에도 꼭 한번 들러봐야 할 것이다. 선암사 화장실은 오픈 형으로 문이 없는 게 특징이다. 또한 지금은 많이 높아졌다고 하지만 여전히 깊기만 한 심오함, 그리고 볼일을 보면서 바라다 보는 바깥경치까지, 선암사의 뒷간은 분명 우리시대의 살아있는 자연 친화형 명소임에는 분명하다. 하지만 고소 공포증이 있는 분이라면 잠시 생각해 보시길......

계곡에서 바라본 승선교와 강선루

夏......Summer

선암사를 찾는 많은 사람들에게 여행이 끝나고 선암사의 느낌을 물어보면 크게 기대하지 않았는데 참 좋았다고들 하신다. 대체 어떤 매력이 있어 선암사가 사람들의 마음을 사로잡는 것일까 생각해 본다.

우리나라에서 가장 아름답다고 하는 승선교 때문인가? 무지개다리 속으로 보이는 강선루는 정말로 신선이 금방 내려 올 것만 같은 풍경이다. 아마도 가장 한국적인 선의 아름다움을 느꼈기 때문이 아닌가 싶다.

여행 가이드가 부지런하게 조목조목 설명을 잘 해주면 즐겁고 안정감 있는 여행이 된다는 것을 느낄 것이다. 그래서 많은 사람들이 국내 테마 여행을 떠나는 건지도 모른다. 이러한 관광객들의 요구에 부응하기 위해서 가이드들의 역할은 절대적이다. 그래서 늘 공부하고 인간적인 수양을 쌓아야 되는 직업이라 할 수 있다. 여행지 한 곳을 보더라도 미리 공부하고 직접 가봐서 다른 여행지하고 어떻게 다른지 진지하게 고민할 때 베테랑 가이드가 될 수 있을 것으로 생각한다. 보성이 자생 차밭이 아니어서 조금 아쉽지만 선암사 전통차밭과 비교해 볼 수 있고 또한 선암사의 사찰 공부, 그리고 아름다움을 볼 줄 아는 안목을 키울 수 있는 여행지로 적당하지 않나 싶다.

감동 100배 Tip

경부고속도로 → 천안JC(천안–논산 고속도로, 논산방향) → 논산JC(호남 고속도로, 정읍, 광주 방향) → 광주 → 광산 IC(13번 국도로 송정리 방향) → 송정리(여기서 약간 막힐 듯 합니다/시내도로 → 도산동에서 포충사, 남평 방향) → 남평읍(822번 지방도, 능주방향) → 능주면(29번 국도, 보성방향으로 쭈욱 내려감) → 보성군 국도 18번 (회천, 장흥방면)이용 7KM 지점 대한다업(주)보성다원 위치(*봇재고개 전임)

보성읍내 및 율포 해수욕장 주변 이용.
흑산도 (061)852–8523 – 회, 서대무침, 탕,
선암사방면 선암장(061)754–5666

Brian McKnight(브라이언 맥나이트) – Shall we begin

휴일 아침 늦잠 자고
여유있게 떠나고 싶을 때...

무의도 섬 여행

주5일제가 시행되면서부터는 일요일 아침보다 토요일 아침이 훨씬 여유로워졌지만 얼마 전까지만 해도 일요일 늦은 아침까지의 단잠이야말로 세상의 그 무엇과도 바꿀 수 없는 꿀맛 같은 시간이었다. 하지만 늦게까지 자고 나면 시간상으로 여행이나 외출을 하기에 애매할 뿐만 아니라 귀찮아져서 나가기가 싫어진다. 그렇게 되면 아내와 아이들의 눈치와 구박에 오히려 더 피곤해 지기 십상이다. 이럴 때는 크게 부담 갖지 말고 근교로 떠나보라. 아침 일찍 나갈 때보다 오히려 차가 덜 막히는 경우도 있고 또한 늦은 출발이었기에 일찍 간 사람들이 보지 못하는 일몰 같은 멋진 풍경도 보고 올수가 있어서 좋다. 일요일 늦게까지 단잠을 자고도 반나절에 충분히 다녀올 수 있는 무의도! 올망졸망한 섬 뿐만 아니라 걸쭉한 갯벌, 그리고 해질녘 노을은 나그네의 발길을 더디게만 한다.

신공항 하이웨이와 영종대교

집에서 점심 식사를 해결하고 나서니 자유로가 크게 붐비지 않는다. 오히려 귀가하는 차들의 수가 더 많은 듯 하다. 한강을 끼고 달리는 자유로는 말 그대로 어느 정도 자유로움을 만끽하는 도로이다. 출퇴근 시간의 꽉 막힘은 때론 짜증이 날 때도

무의도 하나개 해변

있지만 이른 새벽 일산 들판과 아파트 숲 너머 북한산 쪽에서 뜨는 아침 해는 서울로 출근하는 사람들에게 희망을 주고 열심히 살수 있게 하는 강력한 에너지이기도 하다. 인천 공항 이정표를 보고 자유로에서 인천공항 고속도로 쪽으로 방향을 잡는다. 시원스럽게 뚫린 8차선이 달리고 싶다는 유혹을 느끼게 한다. 하지만 얼마나 많은 카메라가 설치되어 있는지 달릴 수가 없다.

비싼 통행료가 다소 부담이 되지만 1조 4천억 가까이 들어간 고속도로이기에 그만큼의 통행료는 부담해야 되지 않을까란 생각도 해본다. 시원스러운 왕복 8차선 도로를 20여 분 달리자 하늘을 찌를 듯 한 영종대교가 눈에 들어온다. 우측으로 난 도로를 따라 들어가면 전시관 전망대에서 영종대교의 웅장함과 서해의 올망졸망한 섬들, 그리고 비스듬한 오후 햇살을 받아 물고기 비늘처럼 반짝이는 갯벌을 감상 할 수 있다. 이곳은 세계 10대 다리를 영상을 통해 감상 할 수 있을 뿐만 아니라 미래의 영종대교의 모습까지 엿볼 수 있는 다양한 전시실이 마련돼 있어 학생들 교육의 장으로도 각광을 받고 있다. 영종대교와 어우러진 바다 풍경을 감상하기 위해 전망대에 오른다. 서해에서 불어오는 짠 바닷바람에 생명이 실려 있어서 살아있다는 느낌이 든다.

섬으로 떠나는 여행은 육지나 강으로 떠나는 그것과는 질감이 다른 듯하다. 비록 차를 타고 섬을 찾고 있지만 아주 큰 강을 건넌다는 느낌은 언제나 변함이 없다. 단절로 오는 고독감이 아닌 또 다른 생명력을 느낀다는 것은 행복한 일이다.

기념관을 뒤로하고 역사적인 영종대교를 차로 달린다. 비록 상판이 바다를 가려 직접 밑을 바라 볼 수 없지만 엄청난 높이의 튼튼한 다리가 완성되기 까지 얼마나 많은 사람들의 피와 땀이 이곳에 스며 있을까란 생각에 숙연함 마저 든다. 다리를 지나 20여 분을 달리면 오른쪽으로 신 공항 청사가 보인다. 항공기 동체를 연상케 하는 은회색 청사는 우리의 국력을 상징하는 듯해 가슴 뿌듯하다. 아무쪼록 동북아 최강의 허브공항으로 거듭나서 세계가 감탄하는 공항으로 발전

무도쪽 해변

할 수 있기를 기대해 본다. 공항을 비켜 직진을 하게 되면 거잠포 이정표가 나온다. 이곳에서 좌측으로 들어가면 무의도까지 들어가는 잠진포구 가는 길이 나오는데 이제 막 들어가려는 차와 나오는 차들로 복잡하다.

　수도권 근교 새로운 관광지로 부상하면서 주말마다 찾아오는 관광 인파 때문에 피곤한 기색이 역력하다. 하지만 요즈음 사람들로 붐비지 않은 관광지가 얼마나 되는가, 짜증내기보다는 그러한 상황을 이해하고 여행 온 마음이니까 너그럽게 포용하고 즐기는 것이 정신 건강에 좋을 것이다. 여행할 때만이라도 조금 짜증나는 일이 있더라도 웃으면서 양보하는 습관을 가져 보자. 거잠포 나루터를 지나 5분여를 들어가면 무의도행 배를 탈수 있는 잠진포구다.

갯벌과 산행을 동시에 즐길 수 있는 무의도

　신공항 고속도로가 없을 때만 해도 무의도에 가기 위해서는 인천에서부터 배를 타고 들어가야만 했다. 하지만 지금은 신공항 하이웨이를 통해 잠진나루터

영종대교 기념관에서 바라본 갯벌

까지 간 다음 그곳에서 배를 타고 무의도까지 갈 수가 있다. 섬을 편안하게 여행하기 위해서는 승용차를 가져가야 좋은데 요금이 다소 비싼 편이어서 부담이 된다. 강화 석모도 가는 배처럼 철선이다. 좀 다른게 있다면 갈매기가 석모도보다 적다는 것. 하지만 경치는 오히려 석모도행 뱃길보다 나은 듯 싶다. 배를 탄지 채 5분도 되지 않은 것 같은데 내려야 된다.

조금 늦게 서울에서 출발해서인지 들어가는 차는 우리밖에 없고 나오는 차들이 나루터에서부터 큰무리 마을을 지나 하나개 넘어가는 언덕 너머까지 꼬리를 물고 있다. 유명세 덕에 요즈음 무의도가 몸살을 앓고 있다고 하던데 사실임을 확인 할 수 있다.

늦장을 부린 게으름은 의외로 새로운 상황을 만들더니 결국은 좀더 호젓하게 섬을 볼 수 있는 기회를 제공해준다. 여행을 할 때면 게으를 필요도 있다. 뭐든 빨리 빨리 본다면 그만큼 생각할 수 있는 기회가 적어서 질적으로 풍족한 여행을 할 수가 없다. 큰 무리 마을에서 우회전해서 5분여를 들어가면 말로만 듣던 실미 해수욕장과 화제가 됐던 실미도가 나온다. 물이 빠지면 실미도까지는 걸어서도 갈수가 있다고 한다. 실미해수욕장에서 다시 차를 큰 무리 마을로 돌려 산길로 접어들자 차창 너머로 하얀 아카시아꽃이 도로 양쪽으로 피어있다. 바닷바람에 실려 오는 아카시아향! 어린시절 그 잎을 따서 가위바위보를 하면서 한 두개씩 따 나가다 마지막 남은 아카시아 잎을 떼고서는 인상을 찌푸린 친구의 이마에 꿀밤을 주던 추억이 새롭다.

큰무리에서 우회전해서 하나개 방향으로 차를 돌려 한적한 시골 오솔길 같은 도로를 계속해서 들어가면 무지개다리가 나온다. 왼쪽의 호룡곡산과 국망봉을 이어주는 가교역할뿐만 아니라 하나개의 대문역할까지, 그리고 하나 더 붙이자면 짐승들의 이동통로 기능까지 상당히 다양한 용도의 다리가 나타난다. 무의도에 올 때는 낚시대와 호미 그리고 등산화를 꼭 신고 와야 된다는 이야기가 있

천국의 계단 촬영지 세트장

 夏......Summer

다. 갯벌에서 호미로 동죽도 잡고 낚시도 즐기고 여기에 하나를 추가하자면 해발 230여 미터 남짓한 호룡곡산과 국망봉을 오르는 것이다. 시간이 없다면 둘 중의 하나만을 올라도 점점이 떠있는 섬들과 새롭게 건설된 신 공항을 한눈에 내려다 볼 수 있어 힘들게 오른 다리품이 아깝지 않은 곳이다.

하나개 해변은 실미해수욕장보다 백사장 폭도 넓고 길이도 훨씬 긴 해수욕장이다. 모래사장에 설치된 방갈로가 이색적이다. 방갈로 밑까지 들어오는 바닷물을 보는 것도 색다른 체험이 될 듯싶다.

큰 무리에서 잠진 나루터까지 가는 배 위에서 수줍은 새색시 같은 노을을 본다. 이제 막 신 공항을 이륙한 비행기가 빨간 노을 속으로 빨려 들어가고 있다.

감동 100배 Tip

1) 자가용 이용 : 올림픽대로 → 인천국제공항 이정표 → 영종 대교 → '화물터미널'이 적힌 이정표 → 용유, 무의라고 적힌 이정표 우회전 → 해안고속도로 진입 → 무의도 4.4㎞, 무의도 1.4㎞라는 안내판 → 무의도, 잠진도가 적힌 이정표 좌회전한 후 → 잠진도 선착장(차를 배에 싣고 10분거리)– 문의 : 무의해운 032-751-3354~6, 3358
2) 대중교통 이용 : 서울에서 대중교통수단을 이용할 경우, 인천국제공항(3층 5번 출구)에서 선착장까지 가는 버스 222번 운행(하루 4차례 8:35/10:35/2:35/4:35)
306번을 이용할 경우에는 15분정도 걸어야 잠진나루까지 갈 수 있음.
3) 무의도내 교통 : 무의운수(032-746-4491)

하나개 해수욕장 번영회(032-751-8833),

하나개 해수욕장주변 : 도랫마을(032-752-6377) – 해물뚝배기, 낙지전골, 매운탕, 바지락칼국수 / 섬마을횟집(032-752-4587) – 회
실미도 해수욕장주변–실미도회식당(032-751-7778) – 회, 우럭매운탕, 조개구이, 영양굴밥, 파전
해송식당(032-752-4752) – 직접 생산한 토종닭 백숙, 도리탕, 자연산 우럭회, 숭어

더 클래식 – 여우야

하는 일이 잘 풀리지 않고
가슴이 답답할 때...

담양 대숲으로의 산책 여행

자기가 하고 싶은 일을 하면서 건강하게 살고 있다는 것만으로도 행복하다 말할 수 있을 것이다. 하지만 이렇게 산다는 게 어디 쉬운 일인가. 돈은 잘 벌지만 꼭 좋아서 하는 일은 아닌 사람이 있을 것이며, 자기가 정말로 하고 싶고 좋아하는 일이지만 돈이 되지 않는 경우도 있을 것이다. 후자 쪽이면서 밥은 먹고 살만하고, 물질적인 것에 크게 비중을 두지 않는 인생관이라면 행복한 삶이라고 볼 수 있다. 하지만 이 모든 것도 건강하지 않으면 허사일 것이다. 가치중심을 어디에 두느냐에 따라 꼭 물질적으로 풍요롭지 않아도 충분히 행복할 수 있다고 생각한다.

사는게 뭔지, 돈이 뭔지, 행복이 뭔지... 무엇인가 고민되고 가슴이 답답하다면 그저 한 번 걸어보자. 한 걸음 한 걸음 옮기며 앞으로 나아가보자. 잔잔하게 대숲을 산책 하며 산행도 할 수 있는 곳. 맑은 햇살의 고향 담양으로 떠나 보자.

담양! 한자 그대로 투명한 햇빛이 있는 맑은 고을이라는 뜻으로 해석이 가능한데, 담양을 한번이라도 가본사람이라면 이 지명에 고개를 끄덕 일 것이다. 이럴 듯 담양은 늘 푸른 기운이 감도는 시원스러운 고장이다. 산이 좋아서 그럴 수 도 있지만 지천으로 대나무 숲이 널려 있기에 일년 내내 청량하고 맑은 햇볕을 즐길 수 있지 않나 싶다. 요즘처럼 더운 날씨에는 담양에 가고 싶다는 생각이 간절해진다. 어렸을 적 에어컨은 고사하고 선풍기도 귀한시절에 더운 여름 밤을 지새우기란 여간 고생스러운 게 아니었다. 그때도 나름대로의 더위를 피하는 법을 찾곤 했는데 가장 일상적인 피서가 시원한 평상에 앉아 우물에 매달아 놓았던 수박이나 참외를 꺼내서 세수대야에 발을 담근 채 여름 과일을 먹던 방법이 아니었을까? 마당 한 켠에는 모깃불이 피워져 있고 아버지는 시원한 모시옷에 목침을 베고 평상에 누워 계시곤 했는데 지금 생각해보면 애틋하게 그리운 한 여름 밤의 시골 풍경이 아니었나 싶다.

담양으로 가기 위해서는 호남고속도로 백양사 나들목을 빠져나와서 가는 길이 운치가 있을 뿐 아니라 거리도 짧다. 백양사 이정표를 보고 남동쪽으로 가다 보면 장성호가 오른쪽으로 나타난다. 한참 장성호를 끼고 담양쪽으로 가다보면 대나무통밥집들이 길가로 보이기 시작하는데 대나무 고장이 멀지 않았음을 느낄 수 있다.

담양을 찾는 관광객들이 즐겨 찾는 음식으로 대나무 통밥이 유명하다. 커다란 대나무통에 대추며 잡곡을 최대한 많이 불린 상태로 넣고 통째로 찐다. 이때 향긋한 대나무 향과 영양이 그대로 밥에 배어들면서 최고의 건강식이 된다. 출출한 배를 채운다음 담양의 첫 번째 코스는 대숲의 진수를 만끽할 수 있는 대나무골 테마공원이다. 4년 전 처음 대숲에 갔을 때만해도 관광지라기보다는 학생들 야영장 느낌이 더 강했던 곳이다. 하지만, 드라마나 영화가 촬영된 이후로 담양의 대표적인 관광지가 되었다.

담양쪽에서 순창방면으로 가는 국도가 24번 국도이다. 우리나라 가로수길 중에 가장 아름다운 길을 꼽으라 했을 때 딱 한번이라도 24번 도로를 달려본 사람이라면 여기를 꼽지 않을까 싶다. 이 길 말고도 청주플라타너스길, 쌍계사와 도갑사 벚꽃 길도 예쁘지만 이국적인 경치를 선사하는 메타세쿼이아 가로수 길도 둘째가라면 서러운 곳이다. 최근에는 4차선 새 도로가 생겨 차량 통행이 적어서 잠시 도로가에 차를 세워두고 사진을 찍거나 영화 속의 연인처럼

대나무골 테마공원 근처의 금성산성

24번 메타쉐쿼이아 가로수길

걸어볼 수가 있다. 멋진 가로수길 때문에 심심찮게 드라마나 영화를 찍는 모습을 볼 수 있는 곳이기도 하다. 계속해서 메타세쿼이아 가로수 길을 따라 순창 강천사 방향으로 가다보면 석현교 라는 작은 다리가 하나 나온다. 여기서 다리를 건너자마자 바로 우회전해서 시골길을 따라 들어가면 대나무골 테마공원이다. 매표소를 지나면 기다란 대나무 홈통으로 흘러나오는 약수가 있는데 주위 대나무 숲과 어우러져 소박한 시골 장독대를 생각나게 하는 곳이다.

입구에서 약수를 한잔 먹고 나서 왼쪽으로 난 산책로를 따라 올라가면 금세 주위는 어두워지고 바람이라도 세게 부는 날에는 도시에서는 결코 들을 수 없는 댓잎 사각거리는 소리가 가슴속까지 시원스럽게 만들어준다. 더운 여름 그 어떤 소리가 이렇게 청량한 느낌을 주겠는가.

소리로 즐길 수 있는 피서 중에 녹음 짙은 계곡가의 물소리가 있을 것이고 시원스럽게 떨어지는 폭포소리도 있겠지만 잔잔한 시원함을 주기에는 이만한 소리가 없을 듯싶다. 바람이 없는 날 대나무를 잡고 흔들어야 하는 수고를 덜기 위해서 담양 가는 날에는 바람이 불어야 제격이다. 서걱거리는 대나무 소리를 들으며 산책을 하다보면 커다란 잔디밭이 나온다. 예전 학생 야영장이었을 때 운동장으로 쓰던 장소가 지금은 푸른 잔디밭으로 변해 있다. 잔디밭 왼편으로 올라가면 대숲 사진 야외전시장이 있고 그 옆으로 황토길을 따라 송림욕을 즐길 수 있는 코스가 개발돼 있다. 여기서부터는 신발을 벗고 맨발로 시원한 황토의 질감을 즐기면서 산책을 하는 것이 좋다. 몸에 이롭다는 황토는 요즈음 없어서 못 팔 지경이다. 황토 화장품을 사서 바르고 돈을 주고 황토방을 따로 갈 필요가 없다. 담양에 가서 맨발로 솔숲사이로 불어오는 바람을 만끽하면서 지압효과까지 곁들일 수 있는 송림 산책로를 걸어보라. 이만한 웰빙 여행이 또 있겠는가!

대나무골 테마공원이 세상에 알려지기

시작한지는 4년이 채 되지 않았다. 신문사 사진기자이셨던 신복진 선생님이 평생을 가꿔온 터전인데 테마여행상품으로 만들어지면서 유명세를 타기 시작했고 〈여름향기〉라는 드라마 촬영 이후 전국적인 관광명소가 된 곳이다. 덥수룩한 수염 때문에 예술가적인 느낌이 오는 주인아저씨는 대나무에 대한 애착이 대단하시다.

　　　　여행을 많이 하다보면 불광불급(不狂不及), 미쳐야 미친다란 말이 가슴에 와 닿게 하는 산 증인들을 만나게 된다. 가평의 아침고요 수목

원이 그렇고 지금은 돌아 가셨지만 거제도의 외도를 평생 가꾼 이창호 선생님도 마찬가지이다. 한 분야에 미치지 않으면 그 어떤 목표점에도 쉽게 미칠 수 없다는 진리를 느끼게끔 하는 분들이시다. 오늘도 여전히 대나무골 주인장께서는 한 손에는 긴 낫을 들고 대숲을 돌아다니면서 가지도 쳐주고 풀도 뽑고 계신다.

　　황토 맨발 송림욕을 끝마치면 맑은 바람이 불어오는 그늘에 앉아 쉬면 좋다. 한참을 쉬다가 제2죽림욕 코스를 따라 주차장 쪽으로 내려올 수 있는데 쭉쭉 뻗은 대나무 사이로 푸른 하늘이 보일락 말락 하는 사이 잘 가꾸어진 대숲 산책길도 이제 거의 끝날 때가 된다. 아직 개방되지 않은 대숲이 왼편으로 보이는데 손질하는 대숲하고 가꾸지 않는 대숲의 차이는 하늘과 땅 차이다. 가꾸지 않는 대숲에는 어느 누구 하나 눈길을 주지 않는다. 사람도 마찬가지일 것이다. 자연스러운 멋도 있어야겠지만 정신수양에 있어서만큼은 늘 갈고 닦아야 하지 않을까? 여러모로 속이 알찬 여행지이다. 하는 일이 잘 풀리지 않아 가슴이 답답할 때는 기본으로 다시 돌아가는 수밖에 없다. 처음부터 다시 시작하는 마음으로, 지금의 여행지에서 만난 사람들처럼 자기분야에서 최선을 다하고 그 일에 미친다면 분명 담양의 시원한 대숲처럼 모든 일이 시원스럽게 잘 될 것이다.

감동 100배 Tip

교통안내 : 경부고속도로 → 천안 인터체인지에서 → 천안논산고속도로타고 이동 → 논산인터체인지에서 호남고속도로 → 광주 고서 분기점에서 88고속도로 → 담양TG → 24번국도 순창 방향5Km 진행 → 석현교를 건너 바로 우회전 → 대나무골 테마공원
현지교통 : 담양 터미널 → 대나무골 테마공원 : 08:00, 11:00, 13:30, 16:40
　　　　　　대나무골 테마공원 → 담양 터미널 : 08:20, 11:20, 13:50, 17:00

담양 관광호텔 061)380-5000

대나무통밥집 061)382-4999 - 대통밥, 죽순회, 죽계탕,

봄여름가을겨울 - 브라보 마이 라이프

걸으면서 이것저것 생각하고 싶을 때...

야생화 천국
곰배령 들꽃 트래킹

자신만의 다리를 이용해 묵묵히 걷는 도보여행, 여행을 많이 해본 사람들이 즐겨하는 여행이다. 처음에는 화려한 것들을 찾아 여행을 떠나지만 나중에는 길가에 굴러다니는 돌멩이 하나 풀 한 포기도 따뜻한 시선으로 바라보는 단계에 이르게 된다. 이때부터는 느긋하게 한 걸음 한 걸음 옮기다 단순하게 반복되는 행위를 하면서 도를 닦는 자세로 여행을 하는 것이다. 아마 앞으로는 이러한 형태의 여행이 갈수록 많아 질것으로 기대된다. 누군가의 안내도 크게 필요 없이 정해진 코스로 묵묵히 자연과 대화하면서 걸어볼 수 있는 곳으로 전국에 수많은 길이 있겠지만 곰배령 들꽃트래킹 코스를 추천할까 한다.

오고가는 사람만 없다면
다 벗고 걸어가고 싶을 정도로
강선골 원시림은 마음을 모두 열어 버렸다.
땀도 나지 않는다.

야생화 천국 곰배령 가는길

아 내린천!

이 천에 대한 기억은 늘 아련하다. 군대를 막 제대하고 정말
로 사람이 그리울 때(소싯적에 강원도 산장에 있었음) 강원도
평창에서 인제 어느 산골성당까지 경상도 아가씨를 태워다 준
적이 있다. 털털거리는 중고 프라이드 승용차로 속사에서 운두령 너머 31번
국도를 따라 내린천을 끼고 달렸는데 처음 보는 내린천에 홀딱 반해 가다 서다를
반복하다 보니 도착 시간이 늦어져 낭패는 봤지만 정말로 깨끗하고 순수한 자연
을 가슴깊이 간직할 수 있었던 소중한 여행이었다. 그 이후 몇 번을 다녀왔지만
갈 때 마다 그 감흥은 점점 퇴색되어서 지금은 그때의 반이나 될까!

내린천의 시원스런 경치를 만끽하는 사이 차는 어느새 현리에 다다르고 시
내를 벗어날 즈음 방대교가 나온다. 여기서 좌회전, 동쪽으로 계속해서 들어가면
진동리 설피마을이 나오고 곰배령 올라가는 진동삼거리 산행기점까지 갈 수가

있다.

　여기부터는 오지의 향취가 더욱 짙게 묻어난다. 곳곳에 도로공사 및 제방공
사를 하고 있어 다소 어수선 하기도 하지만 금세 강원도 산에서만 느낄 수 있는
원초적 아름다움이 밀려오고 오감은 모든 걸 받아들일 태세가 갖춰지면서 콧노
래가 흥얼흥얼, 고개가 꺼덕꺼덕 신이 절로 난다. 마치 정선 아우라지에서 송천
을 끼고 구절리까지 들어가는 듯한 느낌이다.

　한 20여km를 안으로 들어갔을까, 포장도로가 끝나고 비포장도로가 나타났
다. 국토 구석구석을 누비는 사람들에게는 비포장도로가 그리 낮설지 않겠지만
일반인에게 비포장도로는 새로운 고행이자 한편으로는 아련한 추억의 도로이다.
길이 심하게 패이지만 않았다면 덜컹거리며 달리는 도로는 된장국 맛이랄까..,
고향 같은 느낌이 커서 늘 정겹다. 한참을 달리다 보니 일순 시야가 트이면서 산
골 분지가 나타났다. 작년 늦가을 억새가 아직까지 갈색으로 남아있기는 하지만
사람 키만큼 자란 푸른 억새밭이 골바람을 맞으며 흔들흔들 손님을 맞이한다.

"쇠나드리 억새밭"

바람이 불면 소도 날아갈 정도로 세게 불어서, 소가 좋아하는 풀이 많아 근처에 소를 많이 풀어 놓아서 이와 같은 이름이 붙여졌다고 하는데 오늘도 바람이 여간 세게 아니다. 공사 중인 다리를 건너자 길은 언제 비포장이었나 싶게 2차선 아스팔트 도로로 바뀌면서 속도가 빨라진다. 양양 상부댐 공사 때문에 포장 됐다고 하는데 평창군 횡계에 있는 댐처럼 산에 터널을 뚫고 물을 떨어뜨려 그 낙차를 이용해 전기를 얻는 원리라고 한다. 한참을 달리다보니 다시 비포장 도로, 강선골과 천상의 화원 곰배령을 보기위한 대가가 만만치 않다.

마지막 비포장도로를 2km 정도 가면 단목령과 곰배령으로 갈라지는 진동 삼거리가 나온다. 여기서 좌회전하면 웬만한 대형버스 2~3대 정도는 댈 수 있는 경작되지 않는 밭이 있지만 승용차 이외에는 특히 주말에는 차 댈 곳이 마땅치가 않기 때문에 진동 삼거리 다리 건너기전 적당한 곳에 주차를 해야 될 것 같다. 일반 관광객은 단목령 갈라지는 곳에서부터 곰배령 산행을 시작할 수 있는데 한여름 햇빛이 쨍쨍 내리쬐는 날에도 산길로 접어서기만 하면 울창한 원시림이 하늘을 가리기 때문에 걱정이 없고 길 또한 신선이 내려왔다는 강선골이란 이름에 걸맞는 청정한 원시계곡을 벗 삼아 올라가기 때문에 지루하지가 않다.

평일 오후여서인지 등산을 하는 관광객이 하나도 없다. 그저 시원스럽게 흐르는 계곡물소리, 고운 음색으로 애인을 부르는 듯한 새소리뿐, 한참을 올라가자 한 가지 의문이 들기 시작했다. 아니 북한산 등산길도 아니고 강원도 오지 곰배령 산행길인데 차도 다닐 수 있을 만큼 넓은 등산로가 과연 필요한가, '참 알 수 없는 일이네' 하며 한참을 올라가는데 그 해답은 다름 아닌 깊은 산속에 여기저기 일정한 간격을 두고 살아가고 있는 강선리라는 마을이 있었기 때문

곰배령 강선리 계곡

이었다. 강선리는 전형적인 산촌으로 여섯 가구 뿐 인데, 그것도 한군데 모여 사는 것도 아니고 군데군데 떨어져 살고 있다.

인기척이라고는 찾아 볼 수가 없다. 산에 나물을 뜯으러 가신 걸까, 아니면 오랜만에 근처 장에라도 나가신 걸까. 보통 주인 없는 집에 낯선 객이 다가서면 개들이 짖고 난리가 나는데 이곳 개들은 사람이 그리워서인지 처음 보는 나에게도 꼬리를 흔들며 반가워한다.

'아, 정말 오지이기는 오지인가 보구나.' 산행을 마치고 내려오는 길에 마을 주민에게 물어보니 경운기가 통행해야 되니까 강선리까지 길이 넓은 것이고 감자나 곰취를 재배하기도 하고 봄에는 지천으로 널려있는 무공해 산나물을 채취해서 시골장에 내다 팔기도 한다고 한다.

꼬리를 흔드는 개를 뒤로하고 다시 걸음을 재촉한다. 지리산 뱀사골처럼 깊고 수량이 많은 계곡은 아니지만 아기자기하게 징검다리를 건너기도 하고 조그만 소와 폭포, 그리고 그 무엇과도 바꿀 수 없는 이끼 낀 바위 등 많은 등산객 때문에 반질반질해진 서울 근교의 산을 생각해보면 지금 이 순간이 얼마나 행복한가를 배로 느낄 수 있다.

오고가는 사람만 없다면 다 벗고 걸어가고 싶을 정도로 강선골 원시림은 마음을 모두 열어 버렸다. 땀도 나지 않는다. 1시간 20여분을 쉬엄쉬엄 오르니 하늘이 조금씩 보이기 시작하고 머리 위가 허전한 느낌이 든다. 1000미터 넘는 고산지대 특징인지 커다란 나무는 보이지 않고 푸른 초원이 눈앞에 나타난다. 시야는 방해받을 것이 없어 멀리 북쪽으로는 강원도 산봉우리가 아스라이 펼쳐지고 점봉산 오른쪽으로 살짝 비켜서 소청, 대청봉이 한눈에 들어온다.

기대했던 수많은 여름 야생화는 때가 일러 보지 못했지만 지리산

세석평전을 연상케 하는 넓은 초원이 펼쳐지고 곰배령 정상 들풀을 스친 상쾌한 바람이 코끝에 걸린다.

곰배령 중심부에는 한 쌍의 장승이 서있고 귀둔리 쪽으로 내려가는 표지판이 알프스 트레킹 이정표 마냥 꽤 이국적인 풍경을 자아낸다.

하늘이 열리고 나그네의 마음도 활짝 열리는 곰배령 산행은 화려한 경치를 즐기는 여행이 아니라 정말로 순수한 자연을 느끼고 오는 여행이어야 한다. 그러기 위해서는 곰배령을 찾을 때면 쓰레기를 버려서는 안 될 것이고 등산로가 아닌 곳을 함부로 들어가 들꽃을 훼손시키는 일도 없어야 할 것이다. 또한 산촌에 사는 강선리, 귀둔리, 설피마을 이 모든 분들의 삶도 존중되어야한다.

곰배령 정상에서 맞은 푸른 바람, 이름 모를 들꽃, 그리고 청명한 하늘 밑에 원시 모습 그대로 서있는 강원도 산을 가슴 가득 담은 채 튼튼한 두 다리로 말없이 내려온다.

감동 100배 Tip

교통안내 : 팔당대교 북단 → 양평(44번국도) → 홍천 → 철정 삼거리에서 451번 지방도로 → 감거리에서 상남 방향으로 직진(31번국도) → 상남면 소재지 → 기린면소재지 현리 → 방태천을 지나는 다리를 건너자마자 우회전 → 진동리 → 양수발전소로 빠지는 삼거리

대중교통 : 홍천이나 인제에서 현리행 버스를 타고 현리까지 간 후 현리에서 진동리행 버스를 타야한다.

진동리에 민박들이 있다. 방태산 자연휴양림(033-463-8590), 태양모텔(033-463-0505), 인제군청 문화관광과(033-460-2082)

두무대식당(033-463-6700, 033-463-1020): 송어회
필레식당(033-463-4665,7799): 토종닭, 약수백숙, 산채정식

Yuhki Kuramoto(유키 구라모토)- Reminiscence(앨범)

자전거 탄 풍경이 아름다운
곳으로 떠나고 싶을 때...

휴가 여행지로
인기가 많은 **선유도**

자전거 타기 좋은 계절이다. 신록은 푸르고 아직까지 바람은 눅눅하지 않고 시원스럽다. 막 자전거를 배우기 시작하던 어린시절, 아버지 짐발 자전거뿐인 시골에서 키만한 핸들을 힘겹게 잡고 쓰끼, 일본식 명칭이었던 것 같은데, 어쨌든 안장에 올라타지도 못하고 한 쪽 페달에만 발을 겨우 얹고 평지 길을 한 발로 지치면서 서툴게 배우기 시작한 자전거 타기를 생각하면 지금도 배식 웃음이 나온다.

그때는 자전거가 어찌 그리도 커 보였던지, 지금이야 어린이용 자전거가 흔하게 나오지만 70~80년대 시골에서 어린이 자전거를 보기란 쉽지 않았다. 넘어져서 많이 까지기는 했어도 유년시절의 자전거 타기의 즐거움은 겔러그 게임보다도 더 재미있는 일이었다.

> 가슴시릴 정도로 푸르른 바다와 하늘이 있는 선유도

그러한 자전거탄 풍경이 왠지 어울릴 것만 같은 여행지가 있다. 군산항에서 배로 1시간 30분정도 가면 만날 수 있는 선유도이다. 그 섬에 가면 유년시절 자전거 탄 풍경 속으로

夏......Summer

무녀교에서 바라본 선유도 나루터와 망주봉

빠져 볼 수 있어서 좋다. 연인끼리 탈수 있는 자전거며, 앞쪽에 완충장치까지 장착된 탄력 있는 자전거까지 대여 할 수가 있어 이곳에서는 섬을 둘러보는 최고의 교통수단으로 자전거가 사랑받고 있다. 혹 자전거를 못 타는 사람도 너무 걱정 마시라. 걸어서도 얼마든지 선유해수욕장이며 선유봉 장자도까지 여유 있게 둘러 볼 수 있다.

　　새롭게 이사한 군산연안여객선 터미널에서 매표를 하고 부두로 나간다. 커다란 여객선이 정박해 있다. 군산항에서 선유도까지 가는 정기 여객선이다. 보통 유람선을 타고 선유도까지 가는 여행상품도 많이 나와 있는데 정작 선유도에 내려

서 여행을 즐길 수 있는 시간이 많지 않아 좀 아쉽다. 여유 있게 선유도에서 자전
거도 타고 선유봉에 올라 섬 전체를 조망하면서 구경을 하려면 당일 여행이라도
정기 여객선을 타고 들어가는 것이 좀더 제대로 즐길 수 있는 방법이다. 시간이
없는 사람은 유람선이 유리할 수도 있겠지만 말이다.

　　400톤급 정기여객선은 대체로 깨끗하다.
선상까지 올라 갈수가 있어서 바다 조망이
좋은 배이다. 서서히 군산외항을 빠져나
가는데 왼쪽으로 풍력발전 풍차가 보이

선유봉에서 바라본 무녀도 경치

고 새만금 간척지 군산 쪽 시발섬인 비응도가 보인다. 여기서부터 신시도를 중간 거점으로 해서 변산반도 해창앞바다까지 연결한다고 하니 인간의 능력이 놀라울 따름이다. 이렇게 배타고 갈 날도 멀지 않았다. 신시도에서 선유도까지 다리가 놓일 수도 있으니 말이다. 신선이 내려와 놀았다는 섬에 차를 타고 간다면 왠지 신비스러움이 떨어질 것 같기도 한데, 아쉽다.

얼마를 갔을까 멀리 희뿌연 안개 사이로 고군산 열도가 보인다. 안개가 살짝 끼어있으니 무릉도원이 따로 없다. 베트남의 하롱베이를 가보지는 않았지만 마치 사진 속에서 봤던 안개 낀 하롱베이라고나 할까, 미지의 섬이다. 섬을 찾는 사람들은 뭔가를 기대하면서 섬을 찾는다. 이상향을 찾아 헤매는 도 닦는 사람들처럼 말이다. 하지만 그곳에는 현실만이 있을 뿐이다.

섬이 가까워질수록 깊은 항아리 속으로 들어가는 느낌이다. 선유도의 간판인 망주봉이 눈에 더욱 선명하게 들어온다. 선유도 선착장을 중심으로 좌청룡을 이루는게 망주봉이고 무녀도와 신시도는 우백호의 형상이다. 그 중심으로 들어가니 아늑할 수밖에, 섬에서도 명당의 안온함을 느낄 수 있다니 뜻밖이다.

이방인을 기다리는 섬사람들이 부두에서 담배를 피며 이야기를 나누고 있고 아침 일찍 들어온 관광객들은 들어오는 배를 반갑게 맞이한다. 떠나고 들어오는 풍경들이 마치 영화속의 한 장면처럼 낯익다. 마을이장님이 나와 계신다. 직업이 여행 상품을 기획하고 진행하는 사람인지라 현지인을 만나서 상품 구성에 필요한 정보를 습득하는 일은 매우 중요하다. 첫 만남이지만 어디선가 많이 본 것만 같은 마음씨 좋아 보이는 시골 이장님 그 모습 그대로다. 팔팔오토바이를 타란다. 나루터를 끼고 해안도로에 음식점들이 길게 늘어서 있다. 횟집들은 유람선에서 사람들이 내리거나 정기여객선이 들어오면 활기를 띠면서 부산하다. 소란스러움도 잠깐, 선착장을 벗어나니까 사람이 금세 적어진다.

망주봉 앞으로 이곳 사람들이 걸레불똥이라고 부르는 평사낙안이 보인다.

물이 좀더 빠져서 사진 속에서 봤던 운치 있는 모습은 아니었지만 왜 선유 팔경에 평사낙안이 들어갔는지는 알 것 같다. 선유도에서 기운이 가장 센 곳은 망주봉이다. 푸른 바다에 불끈 솟은 망주봉은 힘이 있다. 바닷사람들의 뚝심도 엿보인다. 그곳에서 실제로 기도하는 사람도 많았다고 한다. 늘 험한 바다에서 사는 사람들은 의지 할 곳이 있어야 됐을 텐데 든든한 망주봉은 기가 센 곳이어서 기도도 잘 먹혔을법하다. 망주봉 쪽으로 가기 위해서는 왼쪽으로 선유도 해수욕장을 끼고 갈 수가 있다. 아쉽게도 지금은 모래가 예전처럼 백옥처럼 희지 않고 여느 해수욕장처럼 노란색 모래가 보인다. 이것도 북서쪽에서 강한 바람이 불면서 반대편으로 날라 가서 모래가 많지 않다. 그래도 망주봉과 어우러진 활처럼 휜 모래사장은 선유도가 왜 선유도인지를 실감하게 한다.

이상님께서 선유도에 와서 꼭 빼놓지 않고 가봐야 할 곳이 있단다. 바로 선유도와 고군산열도의 섬들을 한눈에 바라볼 수 있는 선유봉에 올라야 한다는 것

이다. 해발 111미터 정도 밖에 되지 않은 봉우리이기에 자전거를 숲속에 받쳐놓고 쉬엄쉬엄 10분정도만 올라가면 선유봉 정상이다. '와, 선경(仙境)이다.' 고개를 아무데로나 돌려도 멋진 경치이다. 섬에 있는 산에 올라가서 본 경치 중 빼놓을 수 없는 경치이다. 유람선을 타고 휙 하니 둘러보고 가는 수많은 관광객들의 발걸음을 생각하면 안타까울 따름이다. 선유도 관광의 키포인트는 선유봉정상에서 바라보는 전망이다. 무녀도 쪽으로 보이는 S자형 해안선 경치는 이전까지 사진에서 보지 못했던 멋진 풍경이다. 이장님이 왜 꼭 선유봉에 올라와야 된다고 했는지 이곳에 서보니 알 것 같다. 북동쪽으로 멀리 말도를 시작으로 명도, 방축도, 횡경도가 선유도를 호위하듯 일렬로 바다에 떠있다. 너무도 부드러운 선유도 해수욕장과 망주봉의 풍경은 가히 선계(仙界)가 따로 없는 듯 하다. 장자교 위로 개미만한 사람들이 자전거를 타고 건너고 있다. 차로는 갈수 없어서 더욱 가고

선유도에서 바라본 해수욕장과 망주봉

싶은 장자도와 대장도.

산위에서의 눈의 호사를 즐겼으니 이제는 내려가야 할 시간. 이장님과 작별을 하고 장자도를 향해 자전거 페달을 신나게 밟는다. 동행한 후배와 경주하듯 해안가 시멘트 도로를 달린다. 땀이 밴다. 얼마 만에 상쾌하게 타보는 자전거인가!

때로는 광화문 한복판에서 양복을 입고 자전거를 타고 싶다는 생각을 해본다. 일산 집에 있는 자전거를 사무실로 가져와야 될 것 같다. 거래처에 갈 때 자전거를 타고 가면 운치가 있지 않겠는가! 서울시내도 안심하고 자전거를 탈 수 있는 전용 도로를 만들어 주면 좋겠다. 트레이닝 복, 노란 헬멧이 아니더라도 와이셔츠를 입고 자전거로 광화문 한복판을 달리고 싶다. 그날이 오기를 기대하며 장자교를 건넌다.

감동 100배 Tip

교통안내 : 서해안고속도로 → 동군산 TG → 군산공항방향 이정표 → 군산외항 → 여객선/군산여객선터미널(계림해운 063-446-7171) 배편 하루 왕복 4회운항 - 기본적으로는 평일 4회이나 조수간만의 영향으로 기본적인 일정 9시, 11시, 13시, 15시를 중심으로 변동 있슴. 여름 성수기 일일 7회 이상 기본 시간 전후에 몰아서(물때가 좋을 때에 운항해야 하므로) 편성.

섬내 교통 : 차가 없으므로 자전거(선유도 자전거 매장 063-467-5525, 011-315-8469)나 도보로 돌아다녀야 한다.

선유도안정모텔/(063-466-4886), 선유도 중앙 모텔 콘도 민박(063-465-3450) 등 민박/문의-선유도관광안내소(063-465-5320)

※ 선유도 관광안내소는 피서철에만 운영함

자전거 탄 풍경 - 자전거 탄 풍경

Season
Three

Autumn

가을

데이트 하면서
사랑을 고백하고 싶을 때...

남한강, 북한강이 만나는
두물머리, 수종사

지금의 아내와 한참 연애를 하던 시절, 여행을 정말 많이 떠나고 싶었는데 차가 없어서 마음대로 못 다니던 시절이 있었다. 털털거리는 중고차라도 하나 있었으면 하는 간절한 소망이 있었지만 그때는 나 혼자 객지 생활하기도 빠듯했던 때라 차는 엄두도 내지 못했다.

결혼 전 아내는 여행을 너무 좋아해서 맨 날 어디를 그렇게도 다니는지, 남들의 시선 때문에 테마여행으로 같이 다닐 수도 없었고, 단 둘이 호젓하게 다녀야 했는데 그러기에는 자가용이 좋을 수밖에 없었다.

하지만 어쩌겠는가, 차가 없는데. 하지만 궁하면 통한다고, 나의 딱한 사정을 알았는지 군대 동기 놈이 언제 시동이 꺼질지 모르는 중고 엑셀 승용차를 빌려주면서 데이트를 하란다. 어찌나 고맙던지. 그때 우리가 처음으로 승용차를 가지고 여행을 떠났던 곳이 한강을 따라 드라이브하면서 용문사가 있는 양평까지 갔었을 때다. 그때의 설레임이란! 똥차면 어떠한가. 사랑스런 애인이 옆에 타고 있는데. 모든 것이 아름답고 좋게만 보이던 그 시절이 그립다.

어이, 친구! 그때 차 빌려 줘서 고마워,
자네가 차 빌려 주지 않았다면
나 결혼 못했을지도 모르잖아. 잘 살고 있지?

한강 두물머리

춘천은 너무 흔하고, 영종도나 강화도는 좀 그렇고, 늦가을에 떠나기 좋은 곳이 어디일까를 고민하다가 선택한 곳이 수종사이다. 낙엽 지는 가을 풍경에도 젖어 볼 수 있고 애인과 함께 따뜻한 차 한 잔을 마실 수 있는 그곳에 다녀오기로 결심하고 집을 나섰다.

서울 종합 촬영소

양수리방향 청평이정표를 보고 빠져나와 6번 국도, 구 도로를 타고 계속해서 양수리 방향으로 가다보면 진중 삼거리, 여기서 좌회전해서 가평, 춘천방향으로 달리면 남양주시 조안면 삼봉리에 자리잡은 서울종합촬영소 이정표가 보인다. 안으로 차를 몰고 올라가면 갈수록 경치가 좋아지는데 포근하게 감싸고 도는 양쪽의 산세가 명당의 느낌을 준다. 매표소를 지나 언덕길을 따라 올라가면 오른쪽으로 영화나 CF촬영을 위한 스튜디오가 늘어서 있다. 촬영이 있는 날이면 구경도 할 수가 있다고 한다.

안으로 쭉 들어가면 정면으로 문경새재 성문을 연상케 하는 건물이 나오는데 정문을 살짝 비켜 오른쪽으로 난 길을 따라 올라서면 시야가 트이면서 커다란 주차장이 나오고 멀리 야외 세트장이 한눈에 들어온다. 오른쪽으로는 영화 〈공동경비구역 JSA〉 촬영장소인 판문점 세트장이 있고 정면으로 〈신장개업〉 촬영장소, 그리고 멀리 고풍스러운 〈취화선〉 세트장이 보인다.

영화 속의 명 장면을 생각하며 야외 촬영장을 둘러본 후 주차장 밑 영상지원관으로 발길을 돌려 영상체험관, 법정세트, 의상/소품실, 영화문화관등으로 나뉘어 진 각전시관을 관람한다. 특히 의상 소품실의 방대함에는 실로 감탄이 나오

두물머리 느티나무

는데 아마 어떤 박물관에서도 이만큼의 소장품을 보기란 쉽지가 않을 것 같다. 별의별 잡동사니에서부터 자동차에 이르기까지 아이들에게는 신기한 옛날 물품으로, 그리고 어른들에게는 추억이 새록새록 묻어나는 정겨운 곳으로 찾아 볼만하다. 영화에 관심이 있는 사람이나 한번쯤 영화의 역사나 원리가 알고 싶은 사람은 이곳을 찾아 꼼꼼히 둘러보는 것이 좋을 것 같다.

수도권 데이트 명소 수종사

진중 삼거리에서 가평 방향으로 가는 길에 수종사 간판이 나온다. 어찌나 작고 시야가 가리는지 정말로 긴장하고 전방을 잘 주시하지 않으면 그냥 지나치기

십상이다. 45번 국도에서 좌회전해 작은 마을길로 들어서면 바로 주차장이다. 단체로 온 경우나 자동차가 많은 주말에는 가급적 마을입구 주차장에 차를 세워놓고 걸어서 올라가는 것이 안전에도 좋고 수종사를 찾는 예의일 것 같다.

하지만 평일에는 상관이 없다. 차가 많지 않기 때문에 한 10여 분을 잘 닦여

진 포장도로를 따라 올라가면 수종사가 나온다. 수도권에 이런 운치 있는 길이 있었나 쉽게 산 위 주차장에서부터 수종사 입구까지의 길은 사색하기에 좋은 그런 길이다. 하늘이 숲에 가려 어둡기만 하더니, 수종사 본전 뜰에 들어서자 환해진다. 대웅보전 뒤로 단풍이 물들어 있어 더더욱 화사하고 아름답다. 절은 아담해서 10분이면 다 볼 수 있을 듯싶은데 고개를 오른쪽으로 돌려 산 아래를 내려다보는 순간 아! 하는 감탄사와 야트막한 담장 너머의 경치가 어찌나 아름다운지 서거정이 동방 사찰중 제일의 전망이라고 극찬한 이유를 알 것만 같았다.

한참을 내려다본다. 비가 내려서 더욱 운치가 있는 걸까, 서거정이 수종사에 들렀을 때도 비가 내렸다고 하는데 아마도 그처럼 시를 쓰는 재주가 있다면 멋진 시 한 수가 나올 법도 한데, 영 입가에서만 빙빙 돌지 도무지 생각이 나지 않는다.

수종사는 세조에 의해 창건됐다는 기록이 있다. 그리고 대웅보전 옆으로 팔각오층석탑과 태종의 다섯 번째 딸 정의옹주의 부도로 알려진 팔각원당형 석조 부도가 서있다. 또한 수종사의 빼놓을 수 없는 명물은 불이문밖에 세조가 심었다는 은행나무 두 그루이다. 용트림하듯 위아래로 뻗쳐있는 나무가 예사로워 보이지 않는다. 다시 수종사 안마당으로 들어서면 맞배 지붕의 건물이 보이는데 '삼정헌' 이라는 다실이다. 오고가는 길손에게 무료로 차를 제공하는데 삼정헌 안에서 통 유리 밖으로 내려다보는 산 아래 풍경이 아름답다.

여기서 연인끼리 왔다면 농담 식으로라도 **'우리도 저 강물처럼 둘이 하나가 될 수는 없을까'** 하고 말을 건네 보라. 얼굴을 붉힐 수도 있겠지만 낭만적인 프로 포즈에 '우리 애인 시적인데' 하며 좋아 할 수도 있지 않겠는가. 비 오는 날 수종사에 가거든 한번 써 먹어 보라, 재미있지 않겠는가. 끝으로 산을 내려오기 전에 어줍잖은 수종사의 느낌을 삼정헌에 앉아 노트에 적어본다.

수종사 야트막한 담장 너머로 극락이 보이네
미움도, 시기도, 욕심도 없을 것 같은 그림 같은 세상

실은 수채화 같은 그 강물 속엔 인간의 욕망 덩어리가
비수를 숨긴 채 꿈틀거리고 있을 수 있지

하지만 그저 아무런 바람 없이 유유히 흐르는 순수한 강으로 보고 싶네
서투른 차 한 잔에 비 내리는 한강을 바라보는 저녁 산사

두 물이 하나가 되듯 세상사도 모두가 저 강물 같았으면 하는 바람이네

감동 100배 Tip

두물머리 : 올림픽대로 → 6번국도 양평방향 → 양수대교 → 양수교차로 → 양수리 시외
버스터미널 앞 사거리에서 좌회전 → 두물머리
수종사 : 올림픽대로 → 6번국도 양평방향 → 양수대교 → 조안교차로 → 45번 국도를
만나는 삼거리에서 좌회전 → 진중삼거리 → 45번 국도를 조금만 가면 길 왼쪽
으로 수종사 이정표

윤종신 - 환생
최성원 - 매일 그대와

달콤한 와인
한 잔이 그리울 때...

한국의 보르도,
충북 **영동 와이너리** 투어

참 오랜만에 내리는 비다. 온통 지구를 데워 버릴 것만 같은 한여름 땡볕도 이 빗속에 묻혀질 것 같은 반가운 가을손님이다. 그래 비가 좀 내려야겠다. 나무도 지치지 않았겠는가? 사람이야 작열하는 태양빛이 뜨거우면 피할 수라도 있지, 늘 측은했었는데 달게 비를 맞으면서 영동에 다녀왔다. 그곳에는 무더웠던 지난 여름이 알알이 포도송이에 배어 있었다.

국내 최대 포도생산지답게 영동은 어딜 가도 포도밭 지천이다. 특히 개울가며, 기차길옆 포도밭은 나그네의 심성을 시인으로 만들기에 충분하다. 여름이 지나고 선선한 바람이 불어오면 달콤한 와인 한 잔이 생각나는 계절이다. 요즈음 와인이 몸에 좋다는 말 때문에 웰빙과 맞물려 백화점이나 편의점서 와인이 인기 품목이다. 한 가지 아쉬운 점이 있다면 거의 대부분이 외국에서 들여왔다는 사실이다.

하지만 최근에는 우리햇살을 받고 우리 토양에서 자란 포도로 만든 질 좋은 국산 포도주가 생산되고 있다. 애인과 근사하게 한 잔 하고 싶을 때 영동 포도밭

秋......Autumn

왼쪽으로는 오크통이
그리고 오른쪽 저장대에는 수많은 병들이...
마치 유럽의 와이너리 지하 저장고에 온 듯한
착각이 들 정도로 색다른 느낌을 준다.

껍질이 얇고 당도가 높은 영동포도

秋......Autumn

으로 떠나보자. 실하게 익은 탱글탱글한 포도송이가 건강한 미소로 그대로 반겨줄 것이다. 경부고속도로 황간 나들목을 빠져나와 영동읍내 방향으로 접어들자 벌써 코 끝에 전해오는 향기부터가 다르다. 봄철에 섬진 강가를 차로 달리다 보면 달콤한 매화 향기가 매혹적인데 충북 영동에서는 그 자리를 포도향이 대신한다. 차창을 열면 한창 익어가는 포도향이 그대로 들어온다. 영화 속에 나오는 오픈카는 아니지만 심호흡을 크게 하면서 그 향기를 만끽한다. 여행 중에 후각적으로 느끼는 감동이 그리 흔하지 않은데 오늘은 꽤 포도향이 감미롭게 느껴진다.

'야! 영동에 포도가 많긴 많구나!'를 연발하며 달리는 사이 뉴스에서 많이 봤던 낯익은 다리가 나타난다. 6.25전쟁 때 미군에 의해서 수많은 양민이 목숨을 잃은 안타까운 역사의 현장, 노근리 다리이다. 피난민들이 그 다리 밑에서 미군의 기총소사로 죽어갔다는 사실에 가슴이 아플 뿐이다. 잠시 차를 세우고 전쟁이 낳은 비극에 짧은 묵념을 하고 난 후 가던 길을 간다. 언젠가 과일 가게에서 영동 주곡리 포도상자를 본 것 같은데 주곡리 이정표가 보인다. 정자나무가 근사한 마을입구에 차를 대고 동네 어르신이 계신 포도밭으로 가본다.

**"안녕하세요, 어르신! 비가 오는데
무슨 일 하고 계시는 거예요?"**

대답이 없으시다. 잘 안 들리시는 걸까, 다시 한번 큰소리로 "안녕하세요?"라고 하자 포도밭에 계시던 환갑 정도 되신 할아버지가 그제서야 낯선 이방인을 힐끔 바라보며, "뭐하긴, 보면 몰라 일하고 있지." 참 멋쩍다. 일하고 계시는거 누가 모르나? 비 오는데 무슨 일 하시는지 궁금해서 그렇지, 객쩍은 웃음을 지으며 다시 한 번 포도밭으로 다가가서 하시는 일을 유심히 바라보니 상하지 말라고

싸놓은 종이봉지를 조심히 들춰보시면서 더위에 말라버린 포도송이를 걸러내고 계셨다. 잠깐 말동무를 해드리며 거들자 금세 이것저것 영동 포도에 대해서 말씀해 주신다.

영동 포도는 일교차가 큰 추풍령 산간지대에서 자라기 때문에 껍질이 얇고 당도가 높다고 한다. 그리고 할아버지의 큰 자랑은 농약을 거의 하지 않고도 좋은 품질의 포도를 생산하는 거란다. 그러시면서 잘 익은 포도 한 송이를 따주시는데 정말로 달고 맛있다. 생각 같아서는 한 송이 더 달라고 하고 싶은데 애써 지어 놓으신 포도 농사일 텐데, 한 박스 사기로 하고 가격을 물어보니 5kg에 만원을 받는다고 하신다. 와! 현지라 싸구나, 한 박스 달라고 하니 다음주에 오란다. 아직 완전하게 익지 않았다고, 월 중순이면 노지 포도가 수확되는데 8월말 정도에 영동에 가면 전국최고의 품질을 자랑하는 맛있는 포도를 맛볼 수 있을 것 같다.

이곳에서 생산되는 포도는 거의가 캠벨종류이다. 하얀 종이 봉지 안에 커다란 포도송이가 꼭꼭 감춰져 있는데 보는 것만으로 군침이 도는 먹음직스런 모습이다. 20년 정도 된 포도나무가 있는가 하면 같은 밭에 1~2년 된 어린 나무도 함께 있다. 장완수 할아버지께서는 이 포도로 자식들 학교 다 보내고 시집장가 보내셨다고 한다. 달콤한 포도밭 옆으로 기차가 지나간다. 손을 흔들어 본다. 여행을 하면서 모르는 사람하고 손을 흔들고 대화하는 것만큼 또 즐거운 일이 어디 있겠는가, 처음 어색했던 만남은 금세 친해져서 집에 가서 커피라도 한잔 하고 가란다. 다음에 또 찾아뵙기로 하고 다음 목적지인 대한민국 토종 와이너리 와인코리아로 향한다. 1977년 경북에서 우리나라 최초로 와인이 생산된 이래 국산 와인은 거의가 마주앙으로 인식됐던게 사실이다. 이 술이 생산된 이래 성당에서 미사주로 많이 사용되었고 일반인들도 국산 와인을 찾게 되면서 마주앙은 우리나라 와인의 대명사가 되었다. 그러다가 충북영동에서 포도를 재배하

는 농민들이 와인코리아란 영농법인을 만들어 영동에서 생산된 최상의 포도로 토종 와인을 생산하게 된다. 그게 바로 대한민국 신토불이 와인 샤또마니이다. 처음에는 시행착오를 많이 겪기도 했다고 한다. 하지만 지금은 일제 시대에 파놓은 지하 토굴을 이용한 저온숙성으로 우리 몸에 맞는 와인을 생산하기 시작했고 맛 또한 좋아서 서울의 대형 할인점에도 납품할 정도로 품질을 인정받고 있다.

와인코리아는 시골초등학교를 개조해서 만든 와이너리다. 입구 양옆으로 포도밭이 있고, 공장앞에는 시원스런 잔디가 깔려 있다. 와인병을 형상화한 건물이 와, 와이너리에 오긴 왔구나란 생각을 갖게 한다. 건물 안으로 들어가자 가장 먼저 눈에 띄는 건 둥그런 오크통이다. 와인은 오크통에 저장해야 사람처럼 숨을 쉬면서 숙성이 잘되고 오크통의 독특한 향이 술맛의 깊이를 더해 준다. 유럽의 지하토굴에 가면 오크통에 보관하는 와인이 일반적이지만 일반병에 보관하는 경우도 많다.

　시골학교 복도에는 와인이 전시돼 있고 전시실에는 이곳에서 생산된 와인을 직접 맛볼 수도 있으며 보관돼 있는 와인을 구매할 수도 있다. 요즈음 대도시에는 와인을 판매하는 곳이 부쩍 늘었다. 웰빙에 맞물려 많은 사람들이 이제는 독한 소주나 위스키를 약간 꺼려하는 추세다. 그 대신에 순한 와인이 대중들에게 인기를 끌고 있다. 부부끼리, 연인끼리 정다운 대화를 나누면서 마시는 와인 한 잔, 건강에도 좋을 뿐만 아니라 애정지수를 높이는데도 그만일 것이다. 아주 옛날에는 호텔 와인샵에서나 와인을 구매 했었지만 이제는 전문와인매장이나 대형 할인점에 가도 세계각국의 와인을 접할 수 있게 됐다.

영국사 은행나무

술을 별로 좋아하지 않는 필자도 이제는 근사한 포도주 한 병 선물 받으면 기뻐할 것 같다. 아내 또한 스위트 와인을 한번 먹어보더니 언제 또 사가지고 오느냐고 묻는다.

영동 와이너리 투어의 하이라이트는 뭐니 뭐니 해도 지하 토굴에 저장돼있는 와인을 보는 것이다. 한여름 외부온도가 30도가 넘는 날에도 이 토굴 안은 영상 13도를 항상 유지하기 때문에 냉장고에 들어간 듯 시원스럽기만 하다. 길게 땅굴처럼 파놓은 저장고에 왼쪽으로는 오크통이 그리고 오른쪽 저장대에는 수많은 병들이 마치 유럽의 와이너리 지하 저장고에 온 듯 한 착각이 들 정도로 색다른 느낌을 준다. 이곳에서 숙성된 와인이 매년 시장에 나오면서 조금씩 사람들에게 알려지기 시작했다. 또한 맛으로도 인정을 받는다고 하니 영동 사람들의 자랑거리가 아닐 수 없다. 영동 포도밭에 가서 직접 포도도 따보고 와인에 관심이 많은 사람이라면 샤또마니를 생산하는 와이너리도 한번쯤 방문해볼만하다.

감동 100배 Tip

와이너리 : 경부하행 – 옥천 IC → 4번국도 → 영동읍 → 와인코리아(043-744-3211)
경부상행 – 황간 IC → 4번국도 → 황간 → 와인코리아

영국사 : 경부고속도로 옥첸I.C. → 4번 국도 → 이원면 → 501번 지방도 → 개심저수지 → 율치 → 양산면 누교리 → 영국사

민박(토향마을) 농협 043-743-3580~1
구천파크 043-744-5551~2

영동읍 다마네 식당 043-744-2093 – 양념갈비, 함흥식 냉면, 갈비탕

김현식 – 비오는날의 수채화

인터넷도 핸드폰도 되지 않는
곳으로 떠나고 싶을 때...

삼척 **덕풍계곡** 오지여행

정보의 홍수 속에서 살아가는 현대인은 참으로 불쌍할 때가 많다. 받기 싫은 전화도 받아야 되고, 때로는 시도 때도 없이 울리는 광고성 전화벨이나 문자 메시지 때문에 짜증나는 일이 한두 번이 아니다.

이럴 때마다 핸드폰이 없었던 시절이 정말로 그리워지기도 한다. 아내는 아직도 핸드폰이 없다. 가끔 답답하지 않느냐고 사람들이 묻기도 하지만 별 필요가 없어서… 라고 대답하는 아내가 고맙기도 하다. 누군가는 '노랭이 남편이라 핸드폰도 사주지 않는다'고 말할 수도 있겠지만 본인이 원하지 않으니 내가 꼭 사줘야 될 이유도 없는 것 같다. 오히려 아내에게 핸드폰이 없어서 내가 더 답답할 때도 있지만 그것도 익숙하면 전혀 불편 할 일도 아니다.

어느새 가을이다. 자연뿐만 아니라 우리도 차근차근 올 한해를 마무리할 때인 것 같다. 전화벨 울릴까 걱정 안 해도 되는 곳, 시간에 쫓기며 회신 메일을 보내지 않아도 되는 곳. 가을의 청명함을 머금은 덕풍 계곡에서 지금까지 바쁘게 걸어왔던 길을 차분히 되돌아본다.

秋......Autumn

활기차게 새벽을 여는 장호항

강원도 고성에서부터 시작되는 환상의 동해안 7번 국도 드라이브코스는 강릉, 동해를 지나 삼척에 다다랐을 즈음 절정에 이른다. 특히 용화해수욕장과 장호항 해안이 한 눈에 내려다보이는 해안 도로변 전망대에 서면 가슴이 뻥 뚫리는 듯한 시원스러움이 있다.

새벽 5시 작은 포구의 모습은 아직 한가하다. 간혹 통통거리며 고깃배가 시커먼 바다로 나가기도 하지만 이른 새벽에 나간 배들이 들어오려면 아직 두어 시간 남짓 남아서인지 조용한 항구에 소리 없는 파도만 들락날락 하느라 분주하다.

까만 바다, 동해는 무조건 푸르다는 생각을 가지고 있는 우리로서는 분명 새로운 바다다. 멀리 오징어배의 불빛이 어둠을 사르지만 광활한 먹빛 바다의 위용에는 초라한 모습이다. 이런 바다에 일순 해안경비대의 서치라이트가 어둠을 가른다. 하지만 그러한 밝음도 순간. 다시 바다는 숨을 죽이고 사방은 적막하다. 한 시간이 지났을까. 까맣기만 하던 바다가 점점 푸른빛을 띠면서 새벽을 맞이하고 있다. 멀리 수평선 구름 너머로 불그스레한 기운이 돌기 시작한다. 아침 7시. 어제 밤과 이른 새벽에 나갔던 고깃배들이 하나 둘 항구로 들어오고 있다. 이때부터는 작은 항구에도 활기가 넘쳐 관광객들까지 덩달아 부산한 모습이다.

긴 장화를 허리춤까지 올린 구릿빛 어부들이 고기를 부릴 때에는 삶의 활력이 느껴진다. 배가 들어오면 바다에서 갓 잡아올린 싱싱한 활어 경매가 시작되는데 서울, 인천, 포천, 용인 등 수도권에서 직접 활어차를 가지고 오는 횟집주인뿐만 아니라 인근의 식당에서도 신선한 고기를 사기 위해 사람들이 몰려든다. 장호항에서 횟집을 운영한다는 고병남씨(65세)도 산고기를 사기 위해 리어커를 끌고 항구로 들어왔다.

"항구가 작다고 깔보지 말어, 그래도 물 좋은 고기는 장호항이 태반이니까."

"항구가 작다고 깔보지 말어,
그래도 물 좋은 고기는
장호항이 태반이니까."

동해안 장호항

옥빛 계곡물에 비친 가을 덕풍계곡

　단풍든 산자락을 에돌아 흐르는 옥빛 계곡수. 가을 햇살이 너무도 투명해 작은 소슬바람에도 부서져 버릴 것만 같은 날에 삼척의 덕풍계곡을 찾았다. 언젠가 꼭 한번 가보리라 다짐을 했던 곳이기에 더더욱 기대가 컸던 곳. 원덕바닷가에서 가곡천을 따라 백두의 등줄기로 깊숙이 들어 가다보면 맑은 냇가로 서정적인 풍경이 펼쳐지는데 마치 소설속의 무대로 빨려 들어가는 듯한 착각이 들 정도로 나그네 마음을 원초적 고향으로 안내한다. 주차장에서부터 시작되는 도보탐사는 경운기 한 대 정도 다닐 수 있는 조그마한 오솔길을 따라 응봉산 자락으로 이어진다. 계곡물이 어찌나 맑은지 세속의 때로 찌든 이방인들 때문에 오염이 되지 않을까 하는 걱정이 앞선다. 10여 분을 걷다보면 이런 산골에 무슨 논이 있겠나

옥빛 계곡에서의 플라잉 낚시

싶지만 계곡가로 산골 다랭이 논이 막 추수를 끝내고 할 일이 없어 따가운 햇살에 졸고 있는 듯 누워있다. 하나 둘 셋... 여섯 다랭이, 이 논에서 나는 쌀은 덕풍 마을 사람들의 일년 식량은 될 수 있을까. 11가구정도 사니까 아껴 먹으면 될 성 싶지만 감자며 고구마, 옥수수를 끼니에 섞지 않으면 쌀이 모자랄 것만 같다.

살포시 내려앉은 가을 햇살이 눈부신 오전. 산골 오솔길 가에 핀 구절초며, 산국이 이 세상 그 어떤 꽃보다도 아름다워 보인다. 봐주는 이 많지 않더라도 갈바람을 친구삼아 오늘도 말없이 피어있는 이 들꽃이야말로 순수의 미가 어떤 것인가를 몸으로 보여주는 듯 하다. 계곡을 따라 한참을 걸어가다 보니 성황교 못 미쳐 전형적인 산촌 슬레트 지붕의 집 한 채가 외롭게 나타난다. 집 뒷편의 경사면을 개간해서 밭으로 만들었는데 촌로 한분과 자식으로 보이는 듯한 청년이 무언가에 부산한 모습이다. 기나긴 겨울을 나기 위한 채비일게다. 문득 저들은 저 가을걷이가 끝나면 세상을 무슨 재미로 살아갈까란 생각을 해본다. 번듯 번듯한 서울처럼, PC방이 있을 리 만무하고 살갑게 이야기 나눌 이웃조차도 없으니 참으로 갑갑할 노릇일 것 같다. 이런 나를 보고 별걱정 다하는 놈이라고 놀릴 수도 있겠지.

추수가 끝나면 이 산골에도 눈이 펑펑 내리고 첩첩산중에는 우리가 모르는 또 다른 겨울 문화가 살아 숨 쉴 것이다. 장작을 패고, 토끼가 디니는 길목에 덫을 놓고, 혹 고골이 있다면 고골에 군고구마나 감자를 구워먹는 그런 따뜻함이 배어있는 그런 집, 괜한 걱정을 한 것 같다.

성황교를 지나 이름도 이상한 버릿교, 칼등모리교를 지나자 마냥 첩첩산중으로 들어갈 것만 같던 길이 언제 그랬냐 싶게 산간 분지형태의 툭트인 전망이 나타난다. 토정비결을 쓴 이지함 선생이 9년 흉년이 들어 종자가 귀해지면 찾아가라했던 삼풍(풍곡, 삼방, 덕풍)이 이곳인 이유를 알 것 같다. 펑퍼짐한 땅을 개간해서 옥수수며, 콩 등을 심어놓았는데 지금까지 이어졌던 산골 계곡미는 이제 평범한 시골마을에 온 듯한 인상을 주면서 사람이 그리워진다. 멀리 커다란 미루나무가 보이고 그 앞으로 갈대며, 쑥부쟁이에 가려 아슴푸레하게 산골마을이 보인다. 미루나무 옆 대추나무에는 파랑, 빨강의 가을이 알알이 익어가는데 사람들은 대추나무를 지나면서 따먹지 않으면 늙어 버린다는 이야기를 하며 손이 분주하다. 요즘 인심에 누가 대추를 마음대로 따먹느냐고 뭐라 말 할 법도 한데 누구하나 소리치는 사람이 없다. 오히려 가면서 먹으라고 대추 한 봉지를 손에 쥐어주는 할아버지. 덕풍마을에서 잠시 휴식을 취한 다음, 우리는 용소골 쪽으로 발길을 재촉한다. 여기서부터는 길이 사람 한 명 다닐 수 있을 정도로 좁아지면서 계곡을 아슬아슬하게 거슬러 올라가는 산행길이 이어진다. 여름철에 비가 오면 수량이 갑자기 불어나 사고가 나기 쉬운 곳이므로 초심자들은 물론 물이 불었을 때는 베테랑 산악인들도 조심해야 하는 곳이기도 하다.

용소골을 찾기에 좋은 때는 아마도 그러한 걱정이 없는 가을이 제격인 듯싶다. 마을에서 20여 분을 오르면 제1용소가 나온다. 그저 바라보면 에~게하고 실망을 하지만 절벽사이로 난 밧줄을 잡고 용소 위쪽으로 가다보면 머리가 쭈뼛쭈뼛 서는 느낌을 받는다. 옥빛 물색은 간데없고 끝을 알 수 없는 먹물을 풀어놓은 듯한 시커먼 소가 보이는 이를 주눅들게 만든다. 과연 용이 살 만한 곳이군! 더 오르고 쉽지만 그 이상은 아쉽게도 초보자에게는 어려운 산행이다. 전문 산악인이나 그 길을 잘 아는 사람이 동행하는 산행이어야 하며 2~30미터 되는 보조자일이 꼭 필요하기 때문에 아무래도 초보자들이 제2용소, 제3용소를 거쳐 응봉산 정상까지 가는 것은 위험한 일이다.

아쉬움을 뒤로하고 왔던 길을 되돌아 덕풍계곡 주차장까지 걸어서 온다.

10월 단풍철인데도 사람이 거의 없다. 아마도 지금쯤 설악산 천불동계곡이나 백담사 계곡은 사람들로 발 디딜 틈이 없겠지. 설악산처럼 고운 단풍은 덜하지만 인홍(人紅)이 없기에 가을 여행을 즐기기에는 그만인 곳이다. 특히 산천어가 노니는 덕풍계곡 맑은 계곡수는 단풍이 주는 화려함을 대신하기에 충분하다. 자연과 내가 하나가 되어 호흡했던 4시간 반의 오지여행, 분명 이곳에는 화려한 색동옷을 입은 사연노, 금방 취해 버릴 섯 같은 신한 향기도 없다. 하지만 북북히 우리네 시골 어머니같은 모습으로 이방인을 맞는 깨끗한 자연이 살아 숨쉬고 있다.

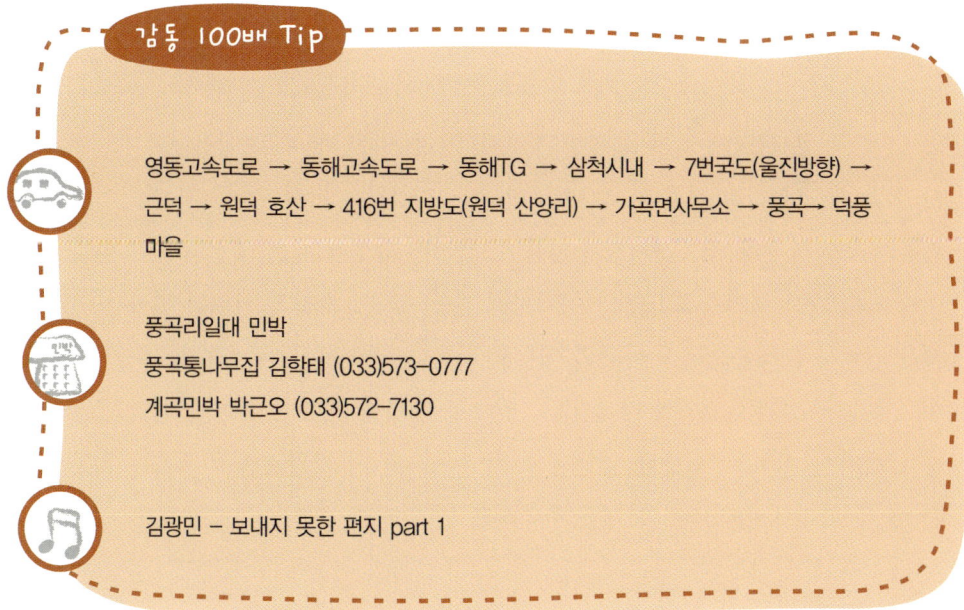

감동 100배 Tip

영동고속도로 → 동해고속도로 → 동해TG → 삼척시내 → 7번국도(울진방향) → 근덕 → 원덕 호산 → 416번 지방도(원덕 산양리) → 가곡면사무소 → 풍곡→ 덕풍마을

풍곡리일대 민박
풍곡통나무집 김학태 (033)573-0777
계곡민박 박근오 (033)572-7130

김광민 - 보내지 못한 편지 part 1

자녀에게 할 수 있다는
자신감을 심어주고 싶을 때...

하늘하늘
은빛 민둥산 억새

온 산하를 오색 단풍이 물들이기도 하지만 국토의 또 다른 한쪽에서는 은빛 억새가 산 아래를 굽어보며 파란 가을 하늘과 어우러져 춤추고 있는 계절이다. 억새는 소박한 우리네 시골 정서를 닮아서 좋다.

이름처럼 억새지도 않고 화려하지는 않지만 순수한 가을색으로 여행객들을 맞아주는 억새, 억새가 보고 싶어 산으로 간다.

가기는 가야 되는데 이제 막 돌 지난 아이가 걸린다. 어쩐다... 그래 들쳐 메고 가자, 아이를 배낭에 메고 산을 오른다. 혼자 오를 때보다 곱절 힘들다. 무거워서가 아니라 행여, 이제 막 돌 지난 아이가 아빠의 무모한 산행으로 다치지나 않을까, 하지만 정상에 서서 강원도의 큰 산을 여린 가슴 가득 보여주고 또한 가을바람에 흔들거리며 은빛 춤사위를 펼치는 억새를 만끽하게 해줌으로써 아빠의 의무를 다한다. '미강아! 너는 벌써 두 살 때 이렇게 높은 산까지 올라오지 않았니, 앞으로 험난한 세상 꿋꿋하게 헤쳐 나갈 수 있겠지?', 비록 아빠 등에 업혀서 이 높은 곳까지 올라왔지만 언젠가는 튼튼한 네 두 다리로 올라와서 이때를 추억해도 될 것이다. 아니면 '그까이거 그거,

여행은 가고 싶은데
아이 때문에 고민스러운 젊은 부부 여러분!
힘들지만 떠나세요.
아이들에게는 알게 모르게
소중한 경험이 될 수 있답니다.

秋......Autumn

두 살때 이미 민둥산 정상도 올라갔었는데, 세상 어떠한 난관도 극복하며 살아갈 수 있어!'를 외치며 도전정신과 국토를 사랑할줄 아는 미덕을 배울 수 있다면 아빠의 의도가 그런대로 성공한 것은 아닐까.

"여행은 가고 싶은데 아이 때문에 고민스러운 젊은 부부 여러분! 힘들지만 떠나세요. 아이들에게는 알게 모르게 소중한 경험이 될 수 있답니다. 아이들이 다 커서 떠나는 소풍이나 수학여행하고는 차원이 다르지요. 몇 배로 더 힘들겠지만 꼭 산이 아니더라도 아이들 건강상태에 맞춰 과감하게 떠나는 지혜도 필요할 것 같습니다."

낭만이 살아있는 이 가을! 정선의 민둥산으로 떠난다. 능전 마을 입구에서 등산화 끈을 조여 맨다. 사람도 많지 않다. 보통 증산초등학교 쪽에서도 많이 올라가는데 좀 덜 가파른 구간으로 가고 싶다면 능전 마을 쪽으로 오르는 것도 괜찮다. 임도를 따라 40~50분을 걷자 조그마한 매점이 나온다.

서쪽으로 무릉리 마을이 보인다. 일명 발구덕 마을, 이 마을에 커다란 구덩이 8개가 있어서 이렇게 특이한 이름이 붙었다고 한다. 강원도, 특히 정선과 영월 땅은 석회암 지대여서 땅 밑에 석회석 동굴이 있는 경우가 많은데 이곳 역시 마찬가지이다. 예전에는 소로 밭을 갈다가 소가 이 구덩이에 빠진 적도 있다고 한나. 아이들에게는 카르스트 지형에서 볼 수 있는 전형적인 돌리네라고 설명을 해준다면 '우와! 우리 아빠 유식하네' 라는 말도 들을 수 있는 곳이다.

여기서부터 본격적인 산행이 시작되는데 정상까지 또다시 4~50분정도면 올라 갈 수가 있다. 개인차가 있겠지만 아이를 메고 올라가니 평상시 보다 땀이 훨씬 많이 난다. 산에서 내려오는 할머니나 아줌마들이 아이에게 다들 한마디씩 건넨다. "참 대단하네, 너는 좋겠다. 아빠 잘 만나서, 아빠 힘들겠네.", 힘이 난

민둥산 억새 정상

秋......Autumn

다. 솔직히 처음에는 괜히 데리고 왔나 하는 생각도 들었는데 아이도 좋아하고 등산객들에게 인사도 많이 듣고.

조금 가파른 숲을 지나자 억새 능선이 나타난다. 왼쪽으로 산불 감시초소가 있는 곳이 민둥산 정상이다. **와, 상쾌한 이 기분, 혼자 올라 왔을 때보다 기쁨이 두 배로 크다.** 산은 그리 높지 않지만 사방으로 강원도의 그 앙팡진 산들을 볼 수가 있어서 좋다. 많은 사람들이 억새를 배경으로 사진을 찍느라 분주하다. 억새는 역광으로 봐야 하얗고 훨씬 예쁘다. 해를 등지고 그대로 억새를 바라보면 흔히 사진 속에서 보던 하얀 억새하고 전혀 딴판이다. 그래서 10시경이나 오후 4~6시가 억새를 감상하는 포인트 시간대다. 하지만 여행을 하다보면 이 시간을 맞추기란 쉽지 않은 일. 그래도 역광으로 억새를 바라보면 좀더 하얀 억새를 감상할 수 있다.

억새는 대나무와 벼 그리고 보리와 함께 벼과에 속하는 다년생 풀이다. 갈대가 저지대 습지에서 자란다면 억새는 산 능선이나 습하지 않은 곳에서 많이 자라는 특징을 가지고 있다. 우리나라에서 수도권 근교로는 명성산 억새가 유명하고 민둥산 억새나 화왕산 억새, 밀양의 사자평 억새 그리고 전라남도 장흥의 천관산 억새가 대표적인 억새 관광지이다.

민둥산 정상에서 도시락으로 점심을 해결한 후 올라왔던 반대편 남쪽으로 내려오는데 경사가 심해서 몇 번을 넘어질 뻔하기도 했지만 그런대로 무난하게 임도가 있는 살림실까시 내려온다. 낲은 사람늘이 막걸리 한잔씩 먹으면서 휴식을 취하고 있다. 발구덕 마을에서 이제 막 따온 듯한 배추속잎이 맛있어 보여 동동주 한잔을 마셔본다. 이곳에서 증산초등학교 쪽으로 바로 하산할 수도 있고 임도를 따라 능전마을 쪽으로 내려가다가 오른쪽으로 난 등산로를 따라 하산 길을 잡아도 된다. 가을걷이를 끝낸 고랭지 채소밭에서 처진거리를 줍느라 아주머니들이 여기저기서 부지런히 배추 속을 다듬고 계신다. 여행을 왔다가 덤으로 김치

거리를 장만하고 있으니 우리나라 아주머니의 힘을 느낀다. '아줌마, 파이팅!' 무사히 산행을 마친다.

천년 고찰 정암사

민둥산에 가서 그냥 돌아오기 아쉽다면 근처의 정암사에 가면 좋다. 정말로 고즈넉하고 운치 있는 사찰을 볼 수가 있다. 일주문에서부터 계곡을 끼고 들어가는 정경이 한겨울 눈이 수북이 내렸을 때도 좋지만 가을이 한참인 10월에 가도 멋지다. 우리나라 5대 적멸보궁 중의 하나인 정암사는 자장의 숨결이 묻어 있는 곳이어서 더더욱 관심이 가는 사찰이다. 짧지만 가장 길게 느껴지는 수마노탑 가는 오솔길 풍경, 아마 가을철 또는 겨울에 이 길을 가본 사람이라면 정암사의 진수를 분명 느끼고 왔을 것이다. 열목어가 산다는 계곡을 지나 수마노탑으로 오르는 전나무 숲길은 청신함을 느끼게 한다. 5~6분을 오르면 마노석으로 쌓아놓은 벽돌양식의 7층탑이 나온다. 물길을 통해 마노석을 가져와서 탑을 만들었다고 해서 수마노탑이라는 특이한 명칭을 갖게 됐다.

이곳에 자장율사가 중국에서 가져온 부처님 진신사리가 묻혀 있다고 하니 성지에서 느끼는 숙연함이 배어있다. 꼭 불교 신자가 아니더라도 합장을 하고 이곳에서는 소원을 빈다. 예전에 숱하게 이곳에 오르면서 장가가서 잘살게 해달라고 빌었는데 이렇게 예쁜 딸하고 이곳을 다시 찾았으니 소원을 이룬 셈이다. 정선 정암사에 갈 때는 딱 한 가지 소망을 가지고 떠나보자. 수마노탑을 돌면서 그 소원을 간절히 빌면 꼭 이루어 질것만 같다.

아이를 등에 짊어지고 처음으로 했던 산행인지라 많이 힘들고 고

달팠지만 아버지로서 아이에게 무언가를 해준 듯 한 느낌이 들어 마음만큼은 아주 상쾌하다. 억새와 고즈넉한 사찰의 만남, 억새의 단순 무결한 맛이 조금 아쉽다면 정암사 계곡의 단풍이며 가을사찰의 정취를 느껴보라.

사람의 욕심은 늘 한도 끝도 없어서 또다시 정암사를 찾을 때면 소원 하나를 또 가지고 갈 것이다. 그래도 어쩌겠는가, 대자대비하신 부처님이 들어주실지도 모르니 우리는 늘 소원을 가지고 절에 가는지도 모른다. 절을 둘러보고 나오는 길에 다시 한번 고개를 돌려 수마노탑을 바라본다. 늘 말없이 서있는 수마노탑을 가을햇살이 포근하게 비추고 있다.

감동 100배 Tip

현지교통 : 중앙고속도로 서제천IC → 5번국도 → 제천 → 영월방향 38번 국도 → 영월 → 31, 38, 59번국도 병합구간 → 석항리 → 59번 국도로 계속 직진 → 별어곡 → 증산초교
열차이용시 : 태백선(청량리 ↔ 증산)청량리역 → 원주역 → 제천역 → 증산역 하차 → 증산초교(1일 7회 운행)

남면 소재 여관 – 리버사이드모텔(033–592–3326), 헌대여관(033–591–1052)

민둥산 보리밥(033–592–3562) : 보리밥, 순두부정식
내고향 산천(033–591–5088) : 오리, 감자탕

강산에 – 넌 할 수 있어

중년부부, 손 꼭 붙잡고
떠나고 싶을 때...

단아함이 배어 있는
변산반도 내소사

이 세상의 아내들이여 쉬는 날 여행 떠나주는 남편에게 감사하자. 술 먹고 늦게 들어와서 점심때쯤 일어나서 밥 먹고 TV 보면서 뒹굴뒹굴 쉬는 남편보다 훨씬 적극적이지 않은가. 이번 주말에는 아이들도 누군가에게 맡기고 단둘이 여행을 떠나보자, 그전까지 바쁘게 살면서 제대로 나누지 못했던 대화를 나누고 예전 연애시절 추억 이야기도 좋다. 마음을 한껏 열고 여행을 하다보면 그동안 쌓인 앙금도 없어지고 새로운 매력에 푹 빠져 볼 수도 있지 않을까?

너무 힘들지 않게, 산과 바다 그리고 노을까지 즐길 수 있는 곳으로 가 보자. 산이 높지는 않지만 기품이 있고 찰진 펄을 볼 수 있는 바다, 동해 같은 파란 바다를 연상 시키는 채석강까지. 변산반도로 지금 떠나 보자.

전라북도 서남쪽에 위치해 있는 부안땅은 정읍, 김제, 고창과 경계를 이루며 서해 바다쪽으로 불쑥 튀어나간 변산반도가 있는 곳이다. 현재 변산반도는 1988년 6월에 도립공원에서 국립공원으

로 승격되었는데 크게 외변산과 내변산으로 나뉜다. 외변산의 바닷가 경치나 내소사, 개암사를 둘러보는 것도 좋지만 내소사 입구 원암마을에서부터 산행 기점을 잡아 직소폭포를 거쳐 내친김에 월명암 그리고 정상까지 올라가는 내변산 일정도 꼭 한번쯤은 가 봐야 될 코스가 아닌가 싶다. 특히 월명암에서 바라보는 경치는 해발 3~4백미터 될까 말까한 산들이 부석사에서 바라보는 조망처럼 아스라이 펼쳐지는 풍경이 압권이다. 득도를 한 스님들이 조용헌 교수의 표현대로 '밥을 지은 후 뜸을 들이는' 보림의 장소로 이용했던 곳이라고 한다. 또한 한 가족이 모두 성불한 터로도 유명하단다.

한 번이라도 이곳에서 산 아래 풍경을

본 사람이라면 꼭 다시 한 번 찾고 싶은 곳이 내변산 월명암 트레킹 코스이다. 내변산 어딘가에 진표율사가 득도했다는 불사의방도 있다는데 그곳도 궁금할 뿐이다. 도를 깨우친다는 것, 어려울 것 같지만 보통사람도 생각하기에 따라서 작은 도는 깨치면서 살아간다고 생각한다. 비록 큰 깨달음은 아닐지라도 중년의 부부가 산에 오르면서 자연과 하나 되는 마음을 느낀다면 이것도 도가 아니고 무엇이겠는가, 그래서 도라는 것을 너무 멀리 두면서 살 필요는 없을 것 같다.

나도 언제든 큰 깨달음을 얻을 수 있다는 자세, **그런데 어디 그 깨달음이 쉬운 일인가,** 진표율사처럼 바위절벽에 수도처를 정하고 팔다리가 떨어져 나가는 고행은 감히 상상도 할 수 없는 일이지만 늘 여행을 가까이 하면서 자연을 사랑하는 마음을 키운다면 어느 정도의 도를 찾을 수 있을지도 모른다.

그래서 누군가 부부끼리 다정하게 크게 힘들이지 않고 트레킹 코스를 물어오면 내소사를 우선 관람하고 원암마을에서 직소폭포 그리고 월명암까지 꼭 한번 등산을 해보라고 권해준다.

월명암이나 직소폭포까지 가는 고행이 힘들다고 생각하면 가을철 내소사만 다녀와도 많은 기운을 받을 수 있다. 사람이 조금만 적으면 좋으련만, 가을철 단풍보다 더 울긋불긋한 등산객들이 많은 내소사는 백제 무왕 34년(633년)에 혜구두타가 소래사라는 이름으로 창건했다. 소래사였던 절 이름이 언제부터 내소사로 바뀌었는지는 분명하지 않다. 당나라 장수 소정방이 이 절에 들러 시주를 했기 때문에 그때부터 내소사로 되었다는 설도 있고 절 중창 때 이름의 앞뒤가 바뀌어서 내소사가 됐다는 설도 있지만 근거로 삼을만한 기록은 없다.

주차장에서 상가를 끼고 안으로 들어가면 맨 먼저 일주문 바로 앞에 있는 할머니 당산나무가 눈에 띠는데 경내에 있는 950여년 된 할아버지 당산나무와 쌍

을 이룬 신목이다. 일주문 안으로 계속해서 전나무 숲길이 이어지는데 아마도 내소사가 많은 사람들에게 사랑을 받는 이유는 절도 절이지만 이러한 숲길이 있어서 아닌가 싶다. 오대산 월정사를 찾아가는 전나무 숲길도 좋지만 이곳도 월정 전나무 숲 못지않게 아기자기하게 정겨움이 묻어나는 길이다. 또한 사천왕문 앞쪽으로 벚꽃과 단풍나무가 있어서 더욱 전나무숲길이 빛을 발하는지도 모른다. 능가산 바위산을 뒷배경으로 자리 잡은 대웅보전 건물이 크지는 않지만 단아하면서도 화려한 모습으로 서있다. 많은 사람들이 꼭 창살을 배경으로 사진을 찍는다. 단청을 하지 않아 퇴색한 대웅전 건물이 더욱 정감이 간다. 절 구석구석 정성들인 손길이 배어있어 고즈넉하고 사랑스런 절이다. 중년의 부부처럼 여유와 단아함이 묻어있는 사찰, 내소사는 마음도 걸음도 여유 있게 둘러보면 오래도록 가슴에 남는 여행지가 될 것이다.

변산반도의 절경 채석강

곰소항에서 젓갈 쇼핑을 잠깐 한 다음 방향을 서쪽으로 잡으면 채석강 가는 30번 국도이다. 반대편 서정주의 고향 고창을 바라보며 달릴 수 있는데 물이 빠지면 서해의 갯벌을 볼 수 있다. 외변산에 위치한 격포 바닷가는 보통 채석강이라고 불린다. 처음 채석강을 찾는 사람들은 강이 어디 있느냐고 묻기도 하시만 이곳에는 강은 없다. 채석강은 변산반도의 최서단으로 옛 수운의 근거지였으며 조선시대에는 전라우수영 관하의 격포진이었던 곳이다. 중국 당나라 시성 이태백이 배를 타고 술을 마시다가 강물에 뜬 달을 잡으려다 빠져 죽었다는 채석강과 흡사하여 채석강이라 부르게 되었다고 한다.

해안단애를 이루는 위쪽으로 조그마한 봉우리가 있는데 이곳이 닭이봉이

내소사 전나무 단풍숲

다. 마치 팽이를 뒤집어 놓은 듯한 모양을 하고 있는데 정상의 팔각정에서 멀리 위도와 칠산바다 그리고 채석강 주위를 한눈에 바라볼 수 있는 전망 좋은 곳이다. 또한 채석강 여행의 또 다른 맛은 바닷가 아무 바위에나 턱 걸터앉아 좋은 사람들과 해삼 멍게 한 접시에 소주 한 잔 마시는 것이다. 요즈음에는 격포항 바로 옆에 위치한 궁항에 〈불멸의 이순신〉 세트장이 생기면서 새로운 관광명소가 됐다. 예전 궁항이 개발이 되기 전에 초소 옆에서 위도 앞바다로 떨어지는 노을을 보면서 감탄을 한 적이 있는데 이곳이 이렇게 개발이 될 줄이야 누가 알았겠는가. 격포항에서 멀지 않기 때문에 꼭 한 번 찾아보는 것이 좋다. 특히 세트장 앞에 펼쳐져 있는 몽돌 해안에 앉아 또르륵 또르륵 몽돌 구르는 소리를 함께 듣자. 그리고 서해로 떨어지는 노을을 바라보며 그동안의 노고를 위로 해주자.

이 시대 힘든 중년을 살아가는 부부들이여,
이제부터라도 가끔 노을을 보러 떠나자!

감동 100배 Tip

서해안고속도로 → 부안나들목 → 고창방면 23번국도 → 15.2km → 보안사거리(우회전) → 30번국도(10km) → 석포리 내소사입구(우회전) → 2km → 내소사 일주문

변산온천(063-582-5390)
그랜드모텔(063-582-0307)
왕포장여관(063-582-3812)

격포항내 군산식당(063-583-3234) - 꽃게탕, 된장찌개와 생선 백반

조영남 - 제비

외갓집 같은 푸근함과
정겨움이 그리울 때...

울긋불긋 가을
대둔산과 곶감마을

외할머니, 외할아버지가 일찍 돌아가시는 바람에 두 분 얼굴을 뵙지 못했다. 흔한 사진 한 장 없어서 그분들에 대한 기억이 하나도 없다. 외갓집에 대한 추억이 없다는 것은 어쩌면 삭막한 이 시대를 살아가는 사람에게는 불행이다. 아쉬운 대로 외갓집에 대한 기억이 또렷하게 남는 게 있다면 외삼촌이 살던 마을의 감나무 풍경이다. 늦가을이 되면 장사하시는 분들이 부안 외갓집에서 감을 많이 가져와서 우리 동네에 팔았다. 그 감이 어찌나 맛이 있었던지 우리 동네에서 인기가 좋았다. 그래서 외갓집하면 제일 먼저 떠오르는 단어가 감나무이다. 여행을 하다가 감나무가 많은 국도를 달리다보면 차에서 내려 잠깐 마을로 들어가고 싶다는 생각을 한다.

감이 많이 나는 마을은 거의 대부분 곶감을 만들기 때문에 심심찮게 감 건조대를 볼 수가 있다.

늦가을 곶감을 만드는 풍경은
벼가 익어가는 것만큼이나
여행가의 마음을 풍요롭게 하는 풍경이다.

단풍이 설악산을 지나 이제 중부이남 지방까지 내려온 상태다. 남하하는 오

秋......Autumn

색단풍이 사람들 마음을 설레게 만들고 있다. 주5일제로 주말이 여유로워진 요즘, 금요일쯤 해서 훌훌 가을 단풍여행을 떠나보자. 전국의 산하는 억새는 억새대로, 단풍은 단풍대로 파란 가을 하늘을 머리에 이고 가을에 취한 길손을 반갑게 맞이해 줄 것이다.

  버스를 타고 대둔산에 간다. 새로운 곳에 간다는 기대 때문인지 모두들 약간은 상기되 있는 듯 하다. 마주보며 도란도란 이야기꽃을 피우는 중년의 여인들, 울긋불긋 원색의 등산복을 입은 나이 지긋한 노부부의 모습에서도 여행의 즐거움은 느껴진다. 대진고속도로 추부 나들목에서 빠져나와 17번 국도를 타고 전주 방향으로 간다. 아이가 운다. 곶감이라도 있으면 좋으련만, 예전에는 우는 아이에게 곶감을 주면 울음을 뚝 그쳤다는데 요즈음 아이들에게는 뭘 줘서 달랠까? 이번 여행은 대둔산과 곶감의 만남이다. 산행하고 나서 먹는 곶감, 기대되지 않는가. 대둔산은 충청남도 논산, 금산군과 전라북도 완주군의 경계에 있는 해발 878미터의 그리 높지 않은 산이다. 요즘은 어딜 가도 사람이 산을 물들인다.

대둔산도 예외는 아니어서 배티재를 지나자 차가 밀리기 시작한다. 배티재에서 바라보는 대둔산, 마치 하늘을 향한 마천루 같다.

파란 가을 하늘을 금세라도 뚫어 버릴 듯한 그 기세! 하지만 감히 그 하늘을 넘볼 수 있겠는가.

어찌 보면 하늘은 둥글든 뾰족하든 모든 산을 따뜻하게 안아주고 있는데…

상가를 지나자 케이블카 타는 곳이 나온다. 2시간 정도 기다려야 탈수 있단다. 처음부터 케이블카 탈 생각은 없었지만 다리가 아픈 사람이나 노약자의 경우 기다리는 것만 감수 할 수 있다면 편안하게 금강구름다리까지는 갈 수가 있다.

매표소를 지나자 경사가 급해지면서 본격적인 산행이 시작된다.

위는 보지말자 눈앞에 보이는 바위산,
언제 오르나 하고 계속 생각하면 더 힘들어질 수
있기 때문에 앞만 보면서 묵묵히 걷자.

얼마나 올랐을까 등에 땀이 나기 시작하고 이마에 송글송글 땀이 맺힐 때쯤, 금강 구름다리 위로 사람들이 건너가는 모습이 보인다.

금강 구름다리를 건너기전에 길이 좁아지면서 사람늘이 뒤로 낳이 밀려있다. 이렇게 밀리는 것도 가을 한철이겠지. 이 시기만 피한다면 여유롭게 구름다리를 만끽할 수 있을 것이다. 드디어 다리를 건넌다. 멀리 산 아래로 상가와 주차장이 보이고 발 바로 밑으로 시선을 가져가면 계곡사이로 등산하는 사람들이 개미처럼 보이고 천길 아래가 아찔하다. 임금바위와 입석대 사이에 놓여진 금강구름다리는 높이가 81m, 길이도 50m나 되는 철제 다리이다. 양쪽 바위에 견고하게 고정을 시켜 놨지만 바람이 세게 불거나 사람들이 장난을 치면 흔들거려서 담력이 약한 사람이나 고소 공포증이 있는 사람에게는 힘든 코스다.

대둔산 산행의 키포인트는 뭐니 뭐니 해도 금강구름다리와 경사가 50도 정도 되는 삼선구름다리를 오르는 재미이다. 무서움이 많은 사람이 금강 구름다리는 어떻게 건널지 모르지만 삼선구름다리는 손을 놓치면 바로 낭떠러지로 떨어질 수 있기 때문에 더 큰 위험을 감수해야 된다. 특히 바람이라도 세게 부는 날에는 위험하기 때문에 일반적인 등산로를 따라 가는 게 좋다. 하지만 보통 사람의 경우 약간의 위험만 감수한다면 재미를 즐기면서 오를 수 있다.

마지막 구름다리를 지나 20여 분 정도만 오르면 대둔산 정상이다. 대둔산 개척 기념탑이 산의 자연스러움을 해친 것 같아 아쉬웠지만 산 아래로 펼쳐지는 풍경은 아름답기 그지없다. 전북 완주 쪽보다 금산 논산 방향으로 시야가 탁 트이기 때문에 답답한 가슴을 풀기에는 그만이다. 여기저기에서 '나, 정상이야, 정말 멋있다. 언제 한번 같이 오자!' 라는 통화음이 들린다. 긴 시간은 아니었지만 힘들게 올라왔기에 그 기쁨이 더욱 크리라.

올라 왔던 길을 다시 내려가는 게 일반적인 산행이지만 마천대에서 논산 벌곡면 쪽으로 하산 할 수도 있고 낙조대에서 배티재쪽으로 내려갈 수도 있다. 하산 길에 사찰 하나 정도 보고 싶다면 낙조대에서 태고사를 둘러보고 진산면 쪽으로 내려가는 것도 좋다. 태고사는 신라 신문왕 때 원효대사가 이 터를 처음 발견하고 너무나 기뻐 3일간 춤을 추었다는 기록이 전해지는 역사가 깊은 사찰이다. 사람이 많아 힘들었지만 정상에 섰을 때 그런 우려가 싹 가신 대둔산, 단풍철을 피해 한가한 때에 찾았다면 더 많은 느낌을 받지 않았을까 싶다.

대둔산 주차장에서 논산시 양촌면 신기리 곶감마을에 가기 위

대둔산 구름다리

해 출발. 17번 국도를 타고 전주방향으로 한참을 가면 논산, 운주방향 이정표가
나오고 거기서 697번 지방도로 따라 가면 양촌면 곶감 마을이 나온다. 마을 초입
부터 감나무가 보이기 시작하고 마을 중심에는 감을 깎아 말리는 건조대가 많다.

　　마을 이장님의 안내로 곶감 만드는 작업장에 가보니 시골 할머니께서 열심
히 감을 깎아서 감 고리에 걸고 계셨다. 논산 양촌 감은 과육이 단맛이 많고 단단
해서 곶감 만들기에 좋단다. 뿐만 아니라 곶감에는 비타민C가 사과의 5배 정도
되기 때문에 피부 미용에도 좋고 숙취해소에도 좋다고 한다. 빨간 감을 깎아 건
조장처럼 생긴 창고에 줄줄이 말리는 풍경이 넉넉한 시골 인심 그대로이다. 어찌
나 인심이 좋으신지, 곶감을 만들지 못하는 홍시는 마을을 찾는 관광객들 몫이

다. 어린시절 감을 딸 때 긴 대나무를 이용해 따곤 했는데 이장님께서 처음 보는 도시 친구들에게 대나무 끝을 갈라서 감을 따는 방법을 알려 주신다. 처음에는 서툴지만 몇 번 따보니까, 이력이 난다. 홍시를 잘못 건드려 그대로 떨어지기라 도 하면 감벼락을 맞아 옷이 온통 뻘건 물이 든다.

그래도 참 재미있다. 감도 따고 곶감 만드는 과정도 구경하다 보니 어느새 서울로 올라가야 할 시간. 인심 좋은 이장님께서 집에 걸어 놓으라고 여러 개의 감이 달린 가지를 건네주신다. 참으로 고맙기도 하지. 지금은 곶감이 완성되지 않아 사올 수 없지만 나중에 꼭 택배로 주문을 해서 사먹어야겠다는 생각을 하면 서 버스에 올랐다. 시냇가 너머로 푸근한 감이 파란 가을 하늘에 걸려 있다.

감동 100배 Tip

천안논산간고속도로 서논산 연무 IC → 1번국도 → 연무사거리 → 602번 국도 → 대둔산

대둔산관광호텔(063-263-1260~3), 대둔산장(063-263-1602)

대둔산 시설지구내 전주식당(063-263-3473) - 한채정식, 더덕구이정식, 전주비빔밥, 버 섯전골, 시골청국장, 시골된장
전주향토식당(063-263-9874) - 산채비빔밥, 산채정식

조수미 - 고향
김창완 - 어머니가 참 좋다

북녘땅을 밟고 싶을 때...

초스피드 금강산 여행

올 가을 오색단풍이 막 물들려 할 때 옥류동, 구룡연 계곡을 다녀왔다. 그 후 내 마음은 금강산에 대한 그리움으로 사무친다. 병이 될 것만 같아 흰 눈이 펑펑 내리면 개골산의 진면목을 보기위해 다시 한 번 찾아야겠다.

금강산! 가기 전에는 설악산하고 비슷하겠지, 큰 기대를 하지 않고 찾았다가 그 비취빛 금강수, 계곡과 어우러진 산악미 그리고 옥류동 입구의 미인송까지, 하나하나가 내 마음속 깊이 각인되어 이제는 그곳을 빼고는 그 어떤 곳도 감히 어디가 좋다고 평가하기를 주저 할 정도로 다이아몬드 마운틴에 매료돼 버렸다

학창시절 '아! 그리운 금강산', 그 구절의 의미를 이제야 알 것 같다. 필자의 경우 바위산보다는 육산을 좋아한다. 지리산의 능선 길, 그리고 장중한 산세가 설악의 수려한 경치보다 가슴에 더 와 닿았던 까닭에 금강산의 경치를 크게 기대 하지 않았는지도 모른다. 하지만 그러한 선입견은 금강산을 맛보기로만 보고 나서도 여지없이 깨지고 말았다. 비록 옥류동 계곡, 구룡폭포, 상팔담까지만 보고 시간에 쫓겨 냉면 한 그릇 먹고 왔던 주마간산 식 여행이었지만 결코 그 여정을 잊을 수 없다.

옥류계곡 초입

그리움은 사랑의 열병으로 발전할 가능성이 크다. 아마도 금강산은 나의 새로운 애인이 될 듯싶다. 비로봉도 갈수 있고 언젠가 저 내금강 만폭동계곡이 개방된다면, 옛 선조들이 그렇게도 애찬 하던 정양사 헐성루에서 금강산의 진면목을 볼 수 있는 날이 오기만 한다면, 맨발로 라도 달려가 그 옛날 선현들이 시로 읊고 그림으로 남겼던 금강산의 풍경들을 낱낱이 내 가슴속에 그리고 싶다. 금강산 콘도에서 하룻밤을 잔다.

다음날 아침 8시 남측 CIQ를 출발. 비포장도로의 철책 문이 열리고 군인 지프차를 선두로 한 버스가 비무장 지대를 통과하자 북한에 간다는 실감이 난다. 분단 이후 민간인의 발길이 닿지 않은 비무장 지대의 억새가 평화스럽기만 하다. 얼마를 갔을까 해금강이 나타나기 시작하고 북측의 푸른 동해 바다가 보이기 시작한다.

8시 17분 북한 땅이다. 인민군 세 명이 보인다. 차가 잠시 멈추는가 싶더니 한 무리의 군인들이 대기하고 있다. TV에서 많이 봤던 절도 있는 걸음걸이를 관광객들은 호기심 많은 눈으로 쳐다본다. 북한군 장교나 하사관급 되는 군인이 차에 올라온다.

구릿빛 피부, 꽉 다문 입, 전형적인 북한군 모습이다. 차안을 검문하는 사이 관광객들은 숨을 멈춘 듯 조용하다. 이런게 바로 관광이 아니겠는가.

뭐라 표현 할 수 없는 이러한 긴장감과 설레임이 여행이다. 두 명의 군인이 내리자 버스 안은 금세 편안한 분위기로 바뀐다. 금강산으로 향하는 차창 밖 풍경, 황금빛 들판이 나무가 없어서 인지 황량하다. 또 다른 이색적인 풍경은 들판에 우리 60~70년대처럼 사람이 많다는 것이다. 한창 벼 베기 철이라 낫을 든 사람들의 일손이 바쁘다. 어렸을 적 시골 모습을 그대로 보는 듯 한 정겨운 풍경들이다. 중간 중간에 경비병들이 깃발을 들고 관광버스 행렬을 주시하고 있다. 가는 길목에 경비병들이 빨간 깃발을 들고 차안에서 사진을 찍는지를 체크해야 하기 때문에 커텐을 칠 수 없단다. 많은 것이 생소하지만 어린시절 본 것들이 많기에 크게 낯설지가 않다. 마치 시간을 거꾸로 돌려 과거로의 여행을 하고 있는 듯...

비룡폭포

북측 CIQ에서 입국수속을 마친 뒤 온정각에서 30분 정도 휴식을 취한다음 옥류동 구룡연 코스를 구경하기 위해 버스에 오른다. 옥류동 초입으로 가는 길, 하늘을 가릴 듯 쭉쭉 뻗은 금강송(미인송)의 아름다운 자태가 관광객들의 탄성을 자아내게 한다. 소나무 하나 만으로도 대 만족. 단, 솔잎혹파리 때문인지 아쉽게도 여러 군데 누렇게 죽어가는 게 안타깝다. 금강동 솔숲사이를 가로지르는 길 오른쪽에 신계사터가 보인다. 내금강의 장안사와 표훈사 그리고 외금강의 유점사와 함께 금강산 4대 사찰로 유명했던 신계사 자리다. 6 · 25전쟁 때 전각은 불타 없어지고 지금은 탑과 부도 그리고 주춧돌만이 남아있다. 남측의 조계종에서 앞으로 모금을 해서 신계사를 복원한다고 하니 몇 년이 지나면 번듯한 불사가 자리 잡을 수 있겠다.

신계사터를 지나자 바로 옥류동 초입이 시작된다. 버스에서 내리는 관광객들의 공통적인 반응은 '야! 물 깨끗하다' 이다.

그렇다. 금강산 옥류동, 구룡계곡은 자연만이 만들어 낼 수 있는 투명하고 오묘한 비취빛 물빛 하나만으로도 경외의 대상이 될 만하다.

일순간 남한의 그 많은 계곡들이 스치고 지나간다. 그리고 남한의 계곡물도 저렇게 깨끗하게 보전이 된다면 얼마나 좋을까를 생각해본다. 곧이어 선담, 물빛에 취한 나는 심호흡을 크게 하면서 깨끗한 자연을 온몸으로 받아들이려는 듯 양껏 숨을 들이쉬고 내 뱉는다. 옥류동 계곡은 들어가면 들어 갈수록 더욱 그윽하고 멋진 경치들이 기다리

고 있다. '점입가경'이 딱 맞는 표현이다. 오른쪽으로 보이는 바위절벽이 예사롭지 않다. '금강산의 산들은 다 이렇게 멋지다'라고 우쭐대는 듯 하다. 등산로를 따라 가다가 계곡이 넓어지고 멀리 세존봉 천화대가 보이는 듯 하더니 옥류담과 옥류폭포가 저절로 발걸음을 멈추게 한다.

아! 정말로 어디서 많이 본 듯한 낯익은 풍경 들이다. 여기 또한 옥빛, 비취빛 금강수가 내 옷을 천연의 색으로 물들여 버릴 듯 한 자태로 흐르고 있다.

육산과 바위산이 적절하게 조화를 이루고 머리 위로는 바위 꽃들이 금세라도 흩날릴 듯이 파란 가을 하늘과 어우러져 금강산을 다시 한번 되뇌게 한다. 옥류담 전에 무대바위가 있는데 많은 사람들이 사진을 찍고 있다. 조선시대, 얼마나 많은 양반들이 저 평평한 바위위에 앉아 자연을 노래하고 시를 읊었을까 생각해 본다.

옥류폭포위에서 계곡 아래쪽으로 내려다보는 경치도 빼놓을 수 없다. 이게 꿈이 아니란 말인가! 큰 기대를 하지 않았기에 더욱 큰 감동으로 금강은 내게 다가왔다. 첫 번째 북측 안내원을 만났다. 기묘한 바위군상을 가리키며 관광객들에게 열심히 설명하고 있다. 계속해서 옥류동 계곡을 따라 가는데 옛날 선녀가 하늘에서 내려 왔다가 아차 실수로 두 알의 구슬을 흘리고 간 흔적이 연주담이다. 비봉폭포를 지나서 한참을 올라가니 상팔담 전망대로 가는 갈림길이 나온다. 왼쪽으로 난 길을 따라가니 구룡각 앞으로 구룡폭포가 눈앞에 나타났다. 아! 어쩌면 이리도 유려하면서도 힘차게 그리고 주변 자연하고 이토록 잘 어우러질 수가 있단 말인가! 가슴 벅찰 뿐이다. 그 옛날 김홍도, 정선의 그림에서 보았던 그 폭포를 내 눈앞의 현실로 보고 있다는 게 감개무량하다. 폭포길이가 82미터, 수량

이 많을 때 폭이 4미터나 된다고 하니 과연 우리나라 3대 폭포중의 하나라 할만
하다. 첫 번째 떨어지는 낙하지점에 구룡연이 있는데 깊이가 13미터가 되고 옛날
아홉 마리 용이 살았다고 한다. 폭포 오른쪽으로 100미터 이상 되는 바위 절벽은
마치 밀가루로 조물주가 바위를 만든 듯 부드러운 화강암이다.

　그 위에 미륵불이라는 한자가 새겨져 있는데 1919년 해강 김규진이 쓴 예서
로 높이 19m, 폭이 3.6m나 된다고 하니 해강의 호방함을 엿볼 수 있는 듯 하다.
많은 사람들이 구룡폭포를 감상하고 왔던 길을 되돌아간다. 하지만 여기서 잠깐,
구룡폭포 바로 밑 삼거리 갈림길에서 시간이 허락하고 또한 급경사 등산길을 갈
수만 있다면 조금 수고스럽더라도 좌측으로 난 길을 따라 한 30~40여분 정도만
올라가면 선녀와 나무꾼으로 유명한 상팔담의 신비스럽고 아름다운 경치를 구경
할 수 있다.

　또한 상팔담 뿐만 아니라 전망대에서 바라보는 세존봉 바위 병풍이 과연 '금
강산이구나'를 느끼게 한다. 멀리 온정리가 보이고 맑은 날이면 동해 바다도 보
인단다. 누가 금강산을 일만이천봉이라 했던가, 아마 십이만이천봉은 될 듯싶다.
만 가지 형상의 일만이천봉 코스를 가지 않고도 금강산의 진면목을 만끽할 수 있
는데 어찌 감히 금강산의 빼어남에 토를 달수 있단 말인가? 이제 필자는 금강산

팬이 돼 버렸다. 벌써 각 계절마다 다시 한 번 찾고픈 생각이 든다.

　금강산은 불교, 유교, 도교 그리고 문학 미술까지 이러한 모두를 아우르는 민족문화의 요람이었다. 이러한 산을 금강산 북측안내원과 함께 감상할 수 있다는 사실이 행복하기 그지없다. 삼각추처럼 생긴 산을 감싸면서 미끄러지듯 흐르는 옥계수는 8개의 담을 이루면서 구룡폭포 쪽으로 떨어진다. 상팔담의 풍경을 담기위해 디지털 카메라 셔터를 연신 누른다. 하지만 와보지 않고 그 누가 이 경치를 말 할 수 있으며 표현할 수 있겠는가, 단지 이 자리에 있어 보라는 말뿐 그 이상의 표현도 생각나지 않는다. 정말로 통일이 된다면 금강산 곳곳을 자유롭게 다니고 싶다. 관광객들의 80%는 이곳을 거치지 않고 바로 구룡폭포에서 온 길로 내려가 버린다. 특히 당일여행의 경우, 구룡폭포 쪽으로 여행을 하거든 꼭 상팔담 전망대 까지는 올라가 보기 바란다. 조금은 수고롭겠지만 올라가변 천상의 세계가 그대를 기다리고 있을 것이다.

　늦은 시간을 보충하기 위해 빠른 속보로 온정각을 가기위한 버스정류장까지 내려왔다. 온정각에서 다시 셔틀버스를 타고 금강산 호텔에서 평양냉면으로 점심을 때운다. 아니 때우는게 아니라 근사하다. 국물도 담백하고 조미료가 전혀 들어가지 않은 듯 한, 옛날 전주에서 전통 비빔밥을 먹었을 때와 같은 느낌이다. 감자며 다른 반찬도 소박하다. 맛난 식사를 하고 온정각으로 가는 셔틀버스를 탄다. 차창 밖으로 김정숙 휴양소 옆 공터에서 남측에서 제공한 쌀을 쌓느라 북한 인부들이 바쁘게 움직이고 있다. 웃통을 벗고 일하는 사람, 나락 가마 옆에서 딤배를 피우는 사람 등 철책선 너머로 일하는 모습이 정겹다. 예전 우리 시골에서 가을 탈곡이 끝나면 동네 공동창고에 경운기나 구루마로 실어온 나락가마를 창고에 넣기 위해 동네 청년들이 일하는 모습이 생각난다. 아쉬운 귀향이다. 언제 또 올수 있을까, 아마 오래가지 않을 듯싶다. 어딘가 가고 싶으면 어떻게 해서든 가야 되는 직업인지라 계절이 바뀌면 다시 가족끼리 찾을 것이다. 그때는 2박3일

상팔담에서 바라본 8개 못사진

정도의 여유 있는 일정을 잡아야겠다.

금강산 여행은 분명 돈도 많이 들고 절차도 복잡하다. 하지만 예전보다는 많이 나아졌다. 체제가 다른, 엄밀히 따지면 정전중인 북측을 가는 여행이기에 그만한 고생은 감수해야 될 듯싶다. 여행객들의 반응은 두 부류인 것 같다. 별반 볼 것도 없네, 무슨 놈의 절차가 이렇게 복잡해! 하루에 남북한 합쳐서 4번의 심사를 받아야 하니 그것도 충분히 이해가 간다. 하지만 어쩌겠는가, 통일이 되지 않았는데. 두 번째 반응은 공기 좋고 물 좋고 참 좋다 이다. 주관적이기에 이렇다 저렇다 평가 할 수는 없는 일이다. 하지만 필자의 경우 북한 주민과 직접 대화도 해보고 어느 정도 그들의 실상을 본다는 사실이 팽팽한 긴장감을 줬을 뿐만 아니라 내 유년으로 되돌아 간 듯한 색다른 느낌이었다. 하지만 뭐니 뭐니 해도 금강산의 그 투명하고 아름다운 계곡물, 온성각에서 옥류동 살 때 만나는 금상송, 그리고 기묘한 바위들, 이 모든 것이 너무도 자연스럽게 어우러진 풍경들이 가장 인상에 남는다.

이제는 남으로 가야 할 시간, 한 많은 분단선을 넘으려는데 금강산의 아름다운 풍경과 남루한 군인, 그리고 의복이 여의치 않는 북한 주민들의 모습이 머릿속에 교차한다. 하루 빨리 남북한 주민 모두가 함께 어울려서 금강산을 만끽할 수 있는 날이 오기를 마음속으로 간절히 빌어본다. 멀리 다정한 두루미 한 쌍이 비무장지대의 푸른 하늘을 여유롭게 비상한다.

감동 100배 Tip

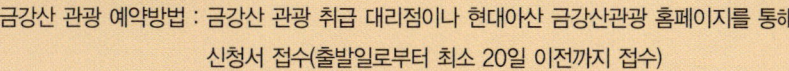

금강산 관광 예약방법 : 금강산 관광 취급 대리점이나 현대아산 금강산관광 홈페이지를 통해 신청서 접수(출발일로부터 최소 20일 이전까지 접수)

※ 금강산관광은 통일부의 방북승인이 요구되므로 일찍 신청하시면 더욱 여유롭습니다.

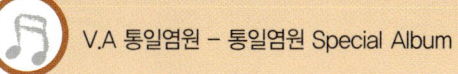

V.A 통일염원 – 통일염원 Special Album 사랑(Love)

Season
Four

Winter

겨울

알프스 같은 이국적인
풍경이 보고 싶을 때...

**대관령 양떼목장과
삼양목장**

우리가족 여행의 꿈은 시베리아 횡단열차를 타고 유럽에 가는 것이다. 그것도 통일이 돼서 서울을 출발해 신의주, 블라디보스톡을 지나 바다보다도 넓은 바이칼을 보고 끝도 없이 펼쳐진 붉은 수수밭 너머로 지는 노을을 상상한다. 끝으로 소설 속에 나오는 옴스크 역을 거쳐 모스크바까지, 와! 머릿속으로 상상만 해도 가슴 벅차는 여정이다.

대학 다닐 때 중국으로 배낭여행을 갔었다. 북경에서 연길까지 30시간을 기차를 타고 갔는데, 이층침대 기차에서 먹고 자고 지루하면 책도 보았는데 이층 침대에서 심양 어딘가를 지날 때 보았던 광활한 지평선 노을을 지금도 잊을 수가 없다. 아마 그때의 여운 때문에 옴스크로 가는 기차, 그리고 시베리아 횡단열차가 타고 싶은 건지도 모른다. 그 꿈은 반드시 이뤄 질 것이다. 열심히 살다보면 그날이 오겠지. 기차를 타고 유럽에 가면 꼭 가보고 싶은 나라가 있다. 이탈리아나 프랑스, 아니면 부타페스트가 있는 체코, 그리고 스위스는 꼭 가보고 싶다. 사진 속에 나오는 알프스의 만년설 아래로 빨간 기차가 달리는 그러한 풍경, 하지만 어쩌지? 돈이 없는데? 나 혼자의 여행이라면 고생한다 치고

알프스의 만년설 아래로 빨간 기차가 달리는 그러한 풍경,
하지만 어쩌지? 돈이 없는데?
나 혼자의 여행이라면 고생한다 치고
그런대로 쉽게 떠날 수 있지만
가족여행의 경우 그게 어디 쉬운 일인가.

양떼목장 천연 눈썰매장

그런대로 쉽게 떠날 수 있지만 가족여행의 경우 그게 어디 쉬운 일인가.

이럴 때는 정말로 선택적 소비를 하는 수밖에 없다. 아낄 수 있는 것은 최대한 아끼고 즐기면서 하고 싶은 일에 한 방에 써버리는 그러한 형태, 우리가족도 이러할 수밖에 없다.

외국은 나가고 싶은데 돈이 없을 때는 국내에서 이국적인 경치를 맛볼 수 있는 곳으로 떠나는 것은 어떨까? 스위스에 가보지는 않았지만 푸른 목초지며 하얀 눈이 온 세상을 뒤덮을 때면 대관령 삼양목장이나 양떼목장의 풍경은 스위스의 산골마을에 온 듯한 착각을 불러온다. 올 겨울 단돈 몇 만원으로 스위스로 떠나보자! 기차도 필요 없고, 비행기도 필요 없다. 버스나 승용차를 이용해서 다녀오자. 기름값을 아끼려면 저렴한 테마여행으로 떠나는 방법도 좋다.

이국적인 풍경 때문에 영화 촬영지로 유명한 대관령 삼양목장

삼양목장을 처음 간 때가 내 인생에서 가장 방황을 많이 했던 스무 살 시절이었다. 가장 행복하고 즐거웠어야 할 때였는데 대학에 떨어지고 나서는 모든 것이 절망뿐이었다. 지금 생각해보면 가뿐하게 다시 시작해서 마음을 다잡고 공부 할 수 있었을 것 같은데, 그때는 왜 그리도 세상이 다 칙칙하고 어둡게만 보이던지, 군대에나 가야지 생각하고 입대하기 전까지 강원도 산골 산장으로 내려갔다.

막상 몇 주 정도는 살만하더니 사람이 그리워서 못살 지경이 됐다. 6개월만 있으면 군대를 가는데 말이다. 한 달이 지나자 서울에 있는 친구들이 그리워서 편지를 쓰기도 하고 대학을 다니지 못하고 직장생활 하던 친구에게 전화해서 강원도로 한 번 놀러 오라고 종용하기도 했다. 큰맘 먹고 친구들이 찾아오면 그전에 나 혼자 가봐서 좋았던 곳으로 안내하면서 여행을 떠났었다. 스키 타는 모습만 부러운 눈으로 바라봤던 용평스키장에서의 추억, 그리고 해발천 미터가 넘는 삼양목장 전망대까지 팔팔 오토바이를 세 명이서 타고 오르던 추억. 삼양목장을 찾을 때마다 방황하던 스무 살, 그 시절이 생각나 늘 20대 기분으로 여행을 한다.

이곳은 드라마 〈가을동화〉 촬영 이후 〈연애소설〉 〈태극기 휘날리며〉 〈바람의 파이터〉 등 수많은 영화나 드라마의 촬영지가 되면서 일약 전국적인 명소가 됐다.

가을동화에서 은서와 준서가 머물던 허름한 산장을 둘러본 다음, 안내소 매점 오른쪽으로 난 길을 따라 목장 길을 오르면 은서 준서 소나무가 보인다. 여기서 1단지 축사 쪽으로 계속해서 올라가면 그 유명한 〈연애소설〉에 나왔던 나무가 저 멀리 발왕산을 바라보며 서있는 모습을 볼 수가 있다. 나무를 배경으로 사진찍기가 좋아 많은 젊은 남녀들이 좋아하는 곳이다. 여기서 전망대까지는 한 40여 분을 더 걸어서 올라가야 되는데, 광활한 삼양목장의 모습과 눈 내린 스위스처럼 웅장한 모습을 보고 싶다면 해발 1,140미터 정도 되는 전망대까지 가야 된다.

여기에 서면 동해 바다가 한눈에 보이고 백두대간 등줄기가 펼쳐진다. 황병산 쪽에서 겨울에는 산악 스키를 타는 사람도 있다. 다져진 스키장 슬로프가 아니라 눈이 내린 천연의 슬로프를 타는 것이 더욱 매력적이라고 타본 사람들이 말한다. 거친 스키를 한 번 타보고 싶다면 삼양목장 천연슬로프로 떠나는 것도 좋을 것이다. 삼양목장 전망대에서 가보지도 않은 스위스의 산봉우리를 꿈꾼다.

몽글몽글 양떼가 귀여운 대관령 양떼목장

　예전에는 횡계에서 목장하면 삼양목장만 유명했었는데 지금은 고속도로에서 멀지 않다는 장점과 우리나라에서는 흔치 않은 양떼를 볼 수 있다는 특이성 때문에 삼양목장 못지 않게 대관령 양떼목장이 인기 있는 여행지가 됐다.

　처음으로 양떼목장을 찾았을 때만 해도 서울에서 제약회사를 다니다 산골이 좋아 내려 온 전영대 사장님이 어렵게 목장을 이끌어 가셨는데 지금은 엄청나게 큰 관광목장으로 발전했다. 재작년에는 양띠 해 덕분으로 많은 TV프로에서 이곳을 촬영하면서 전국적으로 양떼목장 사장님이 유명해졌을 뿐만 아니라 기하급수적으로 목장을 찾는 방문객이 늘어났다.

　겨울철에는 축사에 있는 양들에게 건초를 주는 재미에 푹 빠져도 보고 영화 〈화성으로 간 사나이〉 세트장에서 천연 눈썰매를 탈수가 있어서 아이들에게는 최고의 인기 여행지이다. 봄, 여름, 가을에도 초지에서 풀을 뜯고 있는 양떼 모습에 반해 많은 사람들이 다시 이곳을 찾곤 한다. 아마 여행지 중에 일년 열 두 달 빠지지 않고 찾는 여행지가 있다면 대관령 양떼목장이 아닌가 싶다.

　양떼목장에서는 매표소에서 전망대쪽으로 올라가면 〈화성으로 간 사나이〉 세트장이 나오고 여기서 위쪽으로 한 5분여만 더 올라가면 시원스럽게 남서쪽으로 이국적인 풍경이 펼쳐진다. 멀리 발왕산과 용평스키장이 보인다. 사진 찍기 좋게 정상 쪽에 벤취가 하나 놓여있는데 여름철에는 이곳에 앉아 있는 여행객들의 뒷모습을 볼 때면 늘 유럽의 어느 초원에 소풍가방을 들고 여행을 나온 행복한 가정을 떠올리곤 한다. 한국판 사운드 오브 뮤직이라고나 할까?

흰눈이 내려 눈이 부시다. 눈이 펑펑 쏟아지는 겨울 날, 스위스에 가고 싶다면 단돈 몇 만원에 그 느낌을 즐길 수 있는 강원도 산골마을 대관령으로 떠나보라. 알프스 같은 순백의 대자연이 그대를 기다리고 있을 것이다.

감동 100배 Tip

교통안내 : 영동고속도로 → 횡계IC로 나와 우회전 → 구영동고속도로 대관령 옛길이라는 표지판 → 대관령 휴게소 → 대관령양떼목장(033-335-1966)
대관령삼양목장(033-336-0885)은 횡계시내 횡계 로터리에서 좌회전해 8㎞쯤 가면 된다. 삼양목장까지 가는 진입로가 험하니 운전에 주의해야 한다.

양떼목장과 삼양목장내 팬션을 이용할 수 있다.

삼청회관(033-336-5610) - 황태전문, 생태찌게, 오삼불고기
황태회관(033-336-5795) - 황태요리전문, 황태찜 황태구이, 황태진글, 횡테불고기, 황태해장국

지누 - 엉뚱한 상상
Mr.2 - 하얀 겨울

직장을 그만두고 싶을 때...

예천 **회룡포**와 클레이 **사격장**

직장 생활을 하다보면 일 때문이 아니라 사람 때문에 스트레스 받는 경우가 많다. 이것은 너무나 힘든 일이어서 차라리 일이 많아서 스트레스 받는게 낫지 인간관계 때문에 회사 적응이 힘들다면 그건 정말 미칠 노릇이다. 하지만 어쩌겠는가? 내가 그 사람들에게 맞춰가며 살아가야지 별수가 없다. 요즘같이 취직하기 힘든 세상에는 더욱 말이다.

하지만 어떻게든 풀어야 사는 법이다. 좋은 자연을 보면서 호연지기를 기르는 것도 방법일 것이다. 하지만 이것만으로는 부족하다고 생각이 들면 클레이 사격장 같은 곳에 가서 타켓을 산산 조각내버리자. 총탄이 날아갈 때 느껴지는 반동과 시원한 파열음이 묵은 스트레스를 날려줄 것이다.

 冬......Winter

비룡대 전망대에서 바라본 회룡포 마을

내성천

冬......Winter

넓은 마음을 배울 수 있는 예천 회룡포

우리나라 대표 물도리 마을을 꼽아 보라면 안동의 하회마을을 꼽을 수 있지만 회룡대 전망대에서 내려다보는 경치까지 더한다면 예천의 물도리 마을 회룡포도 둘째가라면 서러워 할 빼어난 풍경을 자랑하고 있다. 2000년에 〈가을동화〉가 방영되면서 전국적으로 더욱 유명해진 회룡포의 원래 이름은 의성포였다. 하지만 많은 사람들이 의성에 의성포가 있는 줄 알고 찾아가는 바람에 군청에서 회룡포라는 지명으로 바꿔 부르기로 했다고 한다.

회룡포는 위에서 내려다 봐야 그 진가를 확실하게 알 수가 있고 또, 직접 마을에 내려가 봐야 더더욱 그 모습을 제대로 볼 수가 있다. 둘 중 하나만 봐서는 회룡포를 제대로 봤다고 할 수 없을 정도로 자웅을 겨루기 힘들다. 문경에서 예천 안동 가는 34번 국도로를 타고 가다가 회룡포 이정표로 우회전해서 들어가면 장안사로 바로 올라갈 수 있는 길과 회룡포 마을로 직접 넘어가는 갈림길이 나온다. 여기서 먼저 통일신라시대 때 창건됐다는 유서 깊은 장안사 주차장에 차를 두고 비룡산 전망대로 올라가는 코스가 무난하다.

올라가기도 경사가 심하지 않기 때문에 아이들도 무난하게 오를 수 있다. 솔숲 사이로 난 길을 따라 한 20여 분을 오르자 회룡대 전망대가 나온다. 팔각정을 만들어 놨는데 정자 앞쪽 난간에 가까이 서서 바라보는 회룡대 전망이 시원스러우면서도 자연의 조화가 오묘하다. 마치 복어 주머니처럼 생긴 마을이 둥글둥글한 게 부드럽기 그지없다.

물길도 둥글고 마을도 둥글고 회룡포안 마을을 이루는 집들도 둥글다. 산이 강을 감싸면 물 또한 화답이라도 하듯 비룡산을 감싸안아 흐르고 있다.

싸우지 말고 서로 서로 껴안듯이 살아가라는 자연의 가르침이 배어있다. 용이 휘감고 돌아가는 풍수지리 형태 때문에 회룡이라는 지명이 붙었다고 하는데 어쨌든 예사로운 땅이 아님을 한눈에 알 수가 있는 곳이다.

전망대에 서서 한참동안 마을을 내려다본다. 물도 많고 산도 많고, 그리고 모래도 참 많다. '아이들이 저 모래사장에서 마음껏 뛰어놀면 참 좋겠다'라는 생각을 해본다. 위에서 바라보니 마을 사람들이 궁금해진다. 저 아슬아슬한 복주머니처럼 생긴 곳에서, 어떻게 살아가고 계실까, 나중에 안 사실이지만 물 많고 산이 좋아 친환경농업으로 터가 적당해서 용궁쌀이나 수박, 그 밖의 많은 농산물이 인기가 많다고 한다. 최근에는 국가에서 지정하는 농어촌 정보화 마을이 되면서 더 많은 외지인들이 찾아오고 있다. 예천 회룡포에 가거든 꼭 전망대에 올라서 산과 강, 푸른 하늘, 그리고 인간이 어우러져 한 덩어리로 살아가는 자연의 오묘함을 꼭 봐야만 된다.

가을동화에 나왔던 '뽕뽕다리'를 건너 마을로 들어간다. 강물 수위가 낮기 때문에 마을사람들이 많이 이용하는 이 다리를 관광객들도 즐거워하면서 건넌다.

마을로 들어가 보니 사람은 없고 조용한 마을에 개 짖는 소리만 요란하다. 이방인의 출현을 경계하듯 한참을 개가 짖는데 마을 고샅 안으로 더 들어가자 할머니와 할아버지 중년의 아저씨 한분이 하우스 안에서 일을 하고 계신다.

"안녕하세요?" 말을 건네면서 이것저것 마을에 대해서 묻는데 귀찮아하지 않고 친절하게 설명을 잘 해주신다. 정보화 마을로 지정되면서 각종 농사체험을 할 수 있고 민박도 가능하단다. 현재 마을에는 9가구에 18명, 딱 한집에 두 명씩 살고 있는데 젊은 사람이 없어서 걱정이란다. 농촌에 젊은 사람이 없으니 이 좋은 터에서 사람이 끊기면 어떡하나 걱정이다. "올해부터는 강변에서 모래축제도 하니까, 여름에 꼭 놀러 와요 젊은 양반!", "예, 할머니, 그럼 안녕히 계세요."

좀 전에는 시원스럽게 펼쳐졌던 대자연과의 헤어짐이 아쉬웠다면 이번에는 사람과의 이별이 아쉽다. 예천 회룡포 마을은 그래서 스트레스 많이 받았을 때 떠나면 딱 좋은 여행지이다.

쌓인 걸 풀든가. 아니면 조화롭게 사는 방법을 깨우치든가. 직장 생활로 쌓인 스트레스를 내성천 모래밭에 쌓인 모래처럼 술술 흘려 버리기에 좋은 여행지다.

스트레스를 팡팡 날려 버리자, 문경 클레이 사격장

시원스런 조망을 보고도 아직까지 스트레스가 덜 풀린 것 같다면 중부 내륙 고속도로를 타기 전 문경 종합 사격장에 들르는 것도 괜찮은 방법이다. 서울에 서 클레이 사격 25발 정도를 쏘려면 3만원 정도 하는데 이곳에서는 만 5천원 에 서 2만 원 정도면 25발 정도를 쏠 수 있다. 사격장으로 들어가는 산세도 좋은 곳 이다. 사격장에 도착 하면 우선 조교에게 간단한 설명을 듣고 요령을 배운다. 이 때 주의사항을 이야기 하는데 총을 다루니 만큼 각별하게 안전사고에 유의해야 된다.

지름 11센티, 두께가 약25미리, 무게 100그램 정도 되는 피전이라는 목표물 은 석회와 피치로 만든 원반형 타켓이다. 이러한 피전을 자동으로 기계가 일정한 각도로 쏘아 올려주면 움직이는 타켓을 조준해서 맞춰야 하는 운동이다. TV에서 보면 타켓이 부서질 때 '와! 멋지다'를 연발하면서, 사격술이 대단하다고 생각했었는데 이곳에 와보니 웬만한 사람은 맞출 수 있는데, 그 이유가 산탄총이기 때문에 가능하다는 사실을 알았다. 그러면 그렇지 군대에서 쏘는 그런 총알로 어떻게 날아가는 원판을 쉽게 맞출 수 있겠어…… 그러나 막상 해보니 쉽지만은 않다. 교관의 설명을 들었는데도 언뜻 잘 이해가 되지 않는다. 가장 중요한 요령이라면 총을 고정시킨 다음 손을 움직이지 말고 허리를 이용해서 표적을 따라가야

된다는 것과 좀 빨리 방아쇠를 당기는 게 요령이다. 처음에는 잘 맞지 않더니 여섯 발 째 드디어 피전이 산산 조각이 나면서 명중이다. 짜릿하다. 뒤로 밀리는 반동도 좋다. 25발을 쏴서 5발 정도를 맞췄다. 교관이 처음치고는 잘 쐈다고 한다. 아, 이래서 엽총을 가지고 사냥을 하는구나, 엽사들의 기분을 조금은 알 것 같다.

옛날 영국에서 살아있는 비둘기를 하인이 날리면 주인이 총으로 쏴서 비둘기를 맞추는 놀이에서 클레이 사격이 유래됐다고 한다. 하지만 생명을 죽이는 잔인함 때문에 비둘기 대신 다른 용품을 이용하다가 미국에서 현재의 피전을 개발하면서부터 일반인들에게 널리 보급됐다. 사격이 남자의 전유물 같지만 클레이 사격의 경우 여자들도 조금만 관심을 갖고 배워본다면 영화 속 주인공처럼 멋지게 피전을 박살낼 수가 있다.

직장생활하면서 사람 때문에 아니면 일 때문에 그만두고 싶더라도 여행 한번 다녀오고 나서 신중히 생각하자. 몸값을 높여 다른 직장으로 옮기는 사람도 능력 있다고 하는 세상이지만 지금 있는 곳에서 자기 자신을 인정받는 것 역시 중요하다. 목표물을 향해 한 발 한 발 방아쇠를 당기듯, 인생의 큰 목표를 향해 가는 길도 좀 더 신중을 기해야 할 것이다.

감동 100배 Tip

중부고속도로 음성IC → 충주 → 수안보 → 34번 국도를 따라 예천 → 용궁면 소재지 → 용궁농약사 간판을 보고 우회전 → 대은2리 안내판이 서있는 삼거리 우회전 → 회룡포

문경 관광호텔(054-571-8001)

시장매운탕(054-653-6507)
용궁면 소재지의 단골식당(054-653-6126) - 오징어구이, 순대, 국밥
박달식당(054-652-0522) - 순대, 오징어

롤러코스터 - 힘을 내요. 미스터 김
푸른하늘 - 겨울 바다

남자의 자존심을
세워주고 싶을 때...

낙동강의 보석
안동 **병산서원**

대형 할인매점에 갈 때 마다 느끼는 생각이지만 예전에 비해서 세상 참 많이 좋아졌다. 할인점 문화가 이 땅에 들어오기 전까지만 해도 저녁밥을 짓기 위해 장을 보러 나갈 때면 으레 주부가 아기를 업고 옆에는 다 큰 딸아이의 손을 잡고 동네 시장에서 장을 보는 모습, 또는 중년의 아줌마가 무거운 장바구니를 들고 집으로 오던 풍경이 흔했었는데 지금은 어떠한가. 커다란 카트에 며칠씩 먹을 수 있는 생필품을 사서 차에 싣고 집으로 가는 세상이 됐다. 편하게 장을 보는 것을 이야기하려는 게 아니라 할인점에서 카트를 몰고 있는 남자들의 모습을 얘기하고자 함이다. 이 얼마나 신선한 모습인가. 예전 같았으면 무슨 남자가 시장을 보냐며 어색해 하고 따라 가지도 않았겠지만 지금은 양복 입은 아빠가 퇴근길에 사랑하는 아내와 아이들과 함께 카트를 밀고 시장을 보는 모습이 아름답기까지 하다. 혹 누군가는 남자의 권위가 땅에 떨어졌다고 할지 모르겠지만 시장을 보는 남자의 모습에서 남자의 권위를 이야기 한다는 것은 어불성설인 것 같다.

그렇지만 아쉽게도 사회 전반에서 아빠의 권위나 남자의 자존심이 많이 상한 것은 사실이다. 남자가 남자답지 못하고 너무 여성스러운 것도 문제이고 어려운 세상을 헤쳐 나가야 되는데 너무 나약해진 것만 같아 아쉬울 때도 많다. 이제는 서로가 존중해야 된다고 생각한다. 세태가 남성이 여성다워지고 여성이 남성다워지는 일은 어찌할 수 없는 일, 시대의 흐름을 인정하면서도 남자만의 자존심은 지켜가야 할 것이다. 여자들도 이제부터라도 기꺼이 장을 함께 보는 자상한 남편이나 애인을 위해 그들의 자존심을 치켜세워 줄 만한 무엇을 기획하는 것도 괜찮다는 생각을 해본다. 남자의 기를 살려주고 자존심을 상기시켜 주기위해 여행을 떠나보면 어떨까? 축 처진 남편의 어깨에 힘을 실어주기 위해 안동으로 여행을 떠나보자.

늘 그렇지만 소백산맥을 넘는 그 자체는 꼭 과거를 찾아나서는 여로이다. 비록 엄청난 물질문명이 그곳에도 차곡차곡 쌓여 있지만 말이다. 그나마 안동은 옛 선조들의 체취가 아직까지는 많이 남아 있어 디지털화 되고 빠름에 익숙한 현대인들에게 한번쯤 한가로운 정자에 앉아 인생을 반추해 보라는 쉼표

병산서원 만대루

같은 여행지이다. 특히 안동 하회마을 근처에 있는 병산 서원은 꼭꼭 숨은 진주처럼 낙동강가에 자리 잡고 있어 삶이 왠지 허허로울 때 요란하지 않게 조용히 찾아서 마음을 다잡을 수 있는 여행지로 삼으면 좋을 것 같다. 시간이 허락한다면 춥지 않은 계절에는 4km 정도 걸어보는 것도 괜찮을 것이다. 유홍준 교수는 걸으면서 얻을 수 있는 게 많기에 병산 서원을 찾을 때 기꺼이 걷는다고 하지 않았는가!

멀리 낙동강 너머로 심상치 않은 산이 병풍처럼 둘러져 있고 잘생긴 소나무 한 그루가 강가로 보인다. 꼿꼿한 선비의 기개인 듯, 그리 높지 않은 강가 구릉에 위치한 병산 서원은 전문가의 눈을 꼭 빌리지 않더라도 한눈에 '터, 참 좋네'가 그냥 나오는 곳이다.

앞에 푸른 강물이 있고 낙동강만 있으면 눈이 밋밋할까봐 하얀 모래사장과 그 앞으로 병풍을 펼쳐 놓은 듯 한 병산을 떡 올려놨으니 어느 누가 감히 병산 서원 주변 경관에 이의를 제기하겠는가? 한 가지 걱정이 있다면 자연에 취해 공부가 뒷전으로 밀리지 않았을까

하는 우려가 들뿐!

　　학교의 교문 격인 복례문은 잠겨 있기 때문에 오른쪽으로 살짝 비켜난 길을 따라 서원 안으로 들어가야 된다. 관리인이 살고 있는 고직사 앞으로 앙증맞은 건축물이 하나 있는데 상당히 희화적으로 설계된 머슴 측간이다. 달팽이 집 모양으로 생긴 것이 꼭 장난감처럼 생겼다. 곡선을 따라 들어가 보니 나무 발판에 구멍이 뚫려 있다. 문이 없어도 안은 보이지 않으니까 어찌하여 볼일은 보겠지만 비라도 내리는 날에는 머슴인 것도 서러운데 어쩌란 말인가. 그러나 너무 걱정 마시라. 별 총총 떠있는 가을날 밤에 고개만 들면 쏟아지는 아름다운 별들을 실컷 볼 수 있지 않겠는가! 시답지 않은 생각을 하면서 입교당 뜰 안으로 들어선다. 맨 먼저 만대루 기둥이 눈에 띤다. 눈앞에 펼쳐지는 아름다운 경치에 신나게 트위스트라도 추고 싶지만 선비 체면에 그러할 수는 없는 일, 살짝살짝 허리를 흔드는 블루스처럼 겨울바람에 춤추는 만대루 기둥이 사랑스럽다. 항상 딱딱함과 절제를 강조하는 서원건축에서 이 기둥의

병산서원
미슴 측간

일탈은 신선한 충격이다. 외나무다리를 건너듯 만대루에 오른다.

　사진프레임처럼 만대루 칸칸 사이로 보이는 낙동강과 병산이 그저
"아"라는 감탄사만 나오게 할 뿐, 한겨울 칼바람이 매섭지만 한참을 바라본다.
공부도 하고 휴식도 취했던 학생들이 눈에 보이는 듯 하다. 병산서원의 핵심 포
인트는 만대루에서 내려다보는 경치와 그리고 아늑함이 느껴지는 입교당 마루에
서 서원 안마당과 만대루 그리고 그 너머로 보이는 강가 풍경이다. 수백 년은 된
듯한 배롱나무가 입교당 뜰 안에 심어져 있고 말 그대로 학문을 이룬다는 입교당
건물이 병산을 응시하고 있다. 요즈음으로 치면 학생들 강의실 옆에 교수님 방이

딸려 있는 격인데 거기서 수업도 받고 시험도 봤다고 한다. 입교당 뒤로는 서애 류성룡 선생을 배향한 존덕사가 있고 왼쪽 옆으로 서책과 목판을 보관한 장판각이 자리 잡고 있다. 학생들의 도서관으로 관점에 따라서는 서원에서 가장 중요한 공간이 될 수도 있겠다. 서애 류성룡 선생은 조선 선조 때 영의정까지 지낸 명재상으로 우리역사에서 몇 안 되는 학문과 인격 그리고 청빈함까지 갖춘 인물이었다. 특히, 임진왜란과 정유재란을 겪은 후 『징비록』이란 책을 저술하였다. 후세에 똑 같은 잘못을 저지르지 않게 하기 위한 노력과 정신자세가 오늘날까지도 모범이 되고 있다. 병산서원! 그곳에 배어있는 사상과 자연경관이 모두 아름다운 여행지이다.

선비의 올곧은 정신과 산을 포근히 감싸 안을 줄 아는 저 낙동강의 자연을 닮는다면 앞으로의 그 어떤 어려움도 슬기롭게 헤쳐 나갈 수 있지 않을까! 그냥 가기가 아쉬워 주차장 아래쪽 모래사장에 내려가 본다. 밀가루처럼 부드러운 모래가 펼쳐져 있고 병산 아래로 강물이 오늘도 유유히 흐른다. 그 강물 옆에서 닭싸움을 한다. 병법에 능했다던 서애 류성룡 선생도 이 모래밭에서 혹 닭싸움을 하셨을까, 아무 생각 없이 자연에서 뛰놀다 보니 오랜만에 머릿속이 깨끗해짐을 느낀다. 안동에 가서, 아니 하회마을에 가거든 병산 서원 푯말을 그냥 지나치지 말고 시간을 내어 그곳에 가보라 그리고 그 정신과 자연을 느껴보라. 두고두고 가슴속에 남는 여행지가 될 것이다.

풍광이 잘 어우러진 안동 하회마을

안동하면 하회마을이 제일 먼저 떠오를 정도로 이 마을은 일반인들에게 유

명세를 탄 관광지이다. 특히 엘리자베스 여왕이 방문하고 나서 관심이 더욱 고조
되면서 꾸준하게 관광객이 늘어나는 민속마을이다. 우선 하회는 부드러운 강줄
기가 있어 아름답다. 만약 낙동강의 그 물도리동이 주는 여유로움이 없다면 하회
는 그냥 전통 민속마을에 불과하지 않았을까라는 생각이다. 실제로 많은 사람들
이 마을 안에서 영업하고 있는 음식점이며 상가에서 예전의 그 맛을 잃어 버렸다
고 실망을 하는 경우가 있다.

낙동강이 태극모양으로 돌아나가는 형세, 풍수지리적으로 연꽃이
피어있는 듯한 연화부수형 이라고도 하고 큰 배가 나아가는 듯한 행주형이라고
도 하는데 어쨌든 길지임에는 틀림이 없다고 한다. 안동 하회마을을 한눈에 내려
다 볼 수 있는 부용대에 올라가서 보면 이러한 지형을 실감할 수 있다. 고려 말
조선 초에 공조 전서를 지낸 풍산 류씨 류종혜 선생이 처음 자리를 잡은 다음 겸
암 류운룡, 서애 류성룡과 같은 훌륭한 인재를 배출하면서 명문가 세거지로 이름
을 떨치게 된다. 매표를 하고 나서 마을 안쪽으로 들어가면 흙돌담으로 쌓은 마

을 골목길이 나오는데 담장 너머로 양반 기와집이 고풍스럽다. 마을 중간에 있는 600년쯤 된 당산나무도 인상적이다. 하회마을의 대표적인 건축물로는 하동고택, 북촌 댁, 남촌 댁, 풍산 류씨 대종택인 양진당과 서애 류성룡 선생의 충효당을 꼽을 수 있고 그 밖에 강 건너 있는 옥연정사와 겸암정사를 들 수 있는데 이곳은 겸암 선생과 서애 선생이 후학을 가르치고 집필활동을 하던 곳이다.

충효당과 유물전시관을 끝으로 마을 안쪽을 둘러본 뒤 제방 쪽으로 발길을 돌리면 낙동강을 바라보며 뚝길을 걸을 수 있는데 이 길과 함께 마을을 비보하기 위해 심어진 인공조림 소나무가 있다. 소나무 숲을 지나면 병풍처럼 강가에 우뚝 솟아 있는 부용대가 보인다. 하회 마을에서 곧바로 건너갈 수 있게 줄 배라도 띄우면 좋으련만, 아쉬움을 뒤로하고 주차장으로 향한다. 올라오는 차 안에서 이번 여행을 되돌아본다. 조선시대 선비들의 자존심을 어렴풋이나마 느낄 수 있지 않았나 싶다. 특히 병산 서원의 그 느낌은 오래도록 지워지지 않을 것이다.

감동 100배 Tip

안동시내(혹은 중앙고속도로 서안동IC) → 풍산(매곡교) → 4.8km → 하회마을 진입로 → 1km → 삼거리에서 병산서원 방향으로 좌회전 → 병산서원
※ 하회입구→하회마을 3Km, 하회입구 → 병산서원 4.2Km

민박시설 안내 안동문화관광센터(054-858-2533~4) www.welcomandong.com

옥류정(054-854-8844) – 안동고유의 헛제사밥, 안동간고등어정식, 안동찜닭, 안동한우
까치구멍집(054-821-1056) – 안동고유의 헛제사밥
안동민속음식의 집(054-821-2944) – 안동고유의 헛제사밥

김광석 – 일어나

따뜻한 아랫목이
그리울 때...

웰빙 여행지
문경온천

한겨울이 되면 돌아다니기도 귀찮고 따뜻한 아랫목만 생각 날 때가 많다. 그렇다고 맨날 따뜻한 아랫목에만 있을 순 없지 않은가. 요즘이야 윗목 아랫목 개념이 없어졌지만 예전 시골에서 군불을 때던 시절 아랫목은 쩔쩔 끓지만 웃풍이 심한 윗목은 앉아 있기도 힘들 정도로 냉골 집이 많았다. 찬바람이 매섭게 불어오는 겨울이 되면 온천에 가서 온몸을 푹 담그고 세상사 시름을 잊을 수 있어서 좋다. 요즈음 수도권에서도 쉽게 떠날 수 있는 온천 여행지가 있다면 문경온천이 아닌가 싶다. 중부내륙고속도로가 개통되면서 경상도뿐만 아니라 서울 사람들도 많이 찾는 관광지로 각광을 받고 있다. 뜨뜻한 아랫목이 생각 날 때는 문경으로 떠나보자. 시골 아랫목 같은 훈훈함이 배어 있는 여행지이다.

9월 중순 설악산에서부터 시작된 단풍이 중부지방을 지나 저 멀리 남쪽 내장산까지 붉게 물들이며 여행객들의 마음을 한바탕 들뜨게 하더니 이제는 그 화려했던 마지막 몸부림은 간데없고 앙상한 나뭇가지에 몇 개 남지 않은 빛바랜 이파리와 까치밥으로 남겨둔 감들이 초겨울의 정취를 더욱 깊게 만들고 있다. 우리나라에 있는 온천은 현재 온천법에 의해 등록된 업체가 260개 정도이고 이중에서 정상적인 영업을 하고 있는 온천장은 약 150여 개가 된다.

아쿠아리움 야외 온탕

온천하면 온양온천이나 도고온천, 70~80년대 인기를 끌었던 부곡하와이, 수안보 온천을 떠올리곤 하는데 최근에는 온천에 여러 가지 부대시설을 꾸며 놓지 않으면 젊은 사람들 뿐 만 아니라 연세 드신 분들도 점차 발길을 돌리는 시대가 돼버렸다. 그래서 요즘에 개장한 온천들은 건강을 위한 각종 이벤트탕을 만들어 도시 생활에 지친 심신을 좀더 효과적으로 풀어줄 뿐만 아니라 다양한 재미까지 곁들여서 가족단위나 연인끼리 많이 찾도록 하고 있다. 단양에 있는 아쿠아월드와 문경온천을 가기 위해 집을 나섰다. 갑자기 추워진 날씨가 이번 여행의 의미를 더욱 부여 하는 듯하다. 그럼, 그렇지 온천 여행은 추워야 제격이야!

단양, 지금의 중앙고속도로가 개통되기 전까지만 해도 참 멀다는 느낌이 들었던 곳, 하지만 이제는 영동고속도로를 타고 가다가 만종분기점에서 중앙고속도로를 이용하면 서울에서 2시간 30분 정도면 도착 할 수 있다. 뻥 뚫린 고속도

아쿠아리움 실내수영장

로를 시원스럽게 달리다 북단양 나들목에서 빠져 나와 단양시내 쪽으로 가다가 단양 8경 중에서 제1경인 도담 삼봉을 만났다. 산골 마을의 해가 비스듬히 산허리에 걸려 있어 강물은 벌써부터 어스름한 빛을 띤다. 퇴계 이황이 단양군수로 재직하면서 도담삼봉에 감탄을 했다는데 아마 지금 내 눈 앞에 펼쳐진 명경지수, 깨끗한 강물에 비친 정자며 바위의 모습이 아니었을까! 도담삼봉 너머 시골마을 풍경이 평화스럽기만 하다.

금강산도 식후경이라 했던가? 단양에 왔으니 이 지역 특산물 육종 마늘로 만든 음식을 먹어봐야 되는데 콘도 직원의 추천을 받아 시외버스 터미널 근처에 있는 한 식당에 갔다. 이른 저녁식사 시간이어서 손님은 많지 않았지만 식당 문을 열고 들어선 순간 마늘 냄새가 진하게 난다. 메뉴판을 보니 마늘 요리가 대부분, 이 집에서 제일 잘한다는 마늘 돌솥밥을 시켰다. 보기에도 먹음직스런 돌솥밥이 나오자 마늘 향이 미각을 자극한다. 식당 주인 아주머니가 마늘은 남자들한테 특히 좋은 음식이니 많이 드시란다. 돌솥 밥에 여러 가지 밑반찬으로 마늘 부침개, 마늘간장, 마늘장아찌, 마늘로 양념한 부추무침 등이 나왔다. 가격이 좀 비싸기는 하지만 단양에 가거든 건강식 마늘 요리를 꼭 먹어보길 권한다.

하룻밤 묵어갈 단양 대명 콘도는 중부 내륙지방 관광지를 둘러보기가 쉽고, 콘도 내에 온천은 아니지만 아쿠아월드라는 물놀이 시설이 갖춰져 있어 사계절 체류형 휴양 숙소로 제격이다. 내국인 뿐만 아니라 동남아시아, 중국인들까지도 많이 찾는다고 한다. 돔형 실내에 건강을 위한 여러 개의 이벤트탕과 아이들이 좋아하는 워터 슬라이드, 기능성 아쿠아 헬스풀존, 그리고 사우나 등으로 시설이 분류 되어있다. 여유를 가지고 각종 시설을 이용한다면 결코 입장료가 비싸지는 않을 것이다. 특히 아쿠아 헬스풀존에서 여러 방향의 물 기류를 이용해 머리끝에서 발끝까지 마사지 해주는 전신 마사지탕, 물 커튼 형태로 떨어지는 버섯분수 시스템, 침욕탕 등을 이용한다면 육체적, 정신적으로 지친 몸이 금세 가뿐해지는

것을 느낄 수 있을 것이다. 또한 노천탕이 있어 알싸한 찬 공기를 마시며 뜨거운 탕에 몸을 담그면 색다른 맛을 느낄 수 있어 좋다.

다음날 아침 일찍 일어나 문경을 가기 위해 길을 나섰다. 호수를 끼고 달리는데 호수 중간쯤에 수초가 섬을 이루면서 물위에 떠있고 아침 햇살이 그들만의 섬을 비추고 있다. 멋진 풍경이다. 어느 시인의 표현처럼 길을 아껴서 달려본다. 단양에서 문경을 가려면 죽령터널을 지나 예천을 통해 갈 수도 있지만 중선암, 상선암 쪽으로 방향을 잡아 소백산을 넘게 되면 경북 동로가 나오고 여기서 901번 지방도를 이용해 서쪽으로 가면 문경에 닿을 수 있다. 이 길이 좋은 이유는 고려 시대 사인이라는 벼슬을 역임한 우탁 선생이 이름 지었다는 사인암을 볼 수 있기 때문이다. 깨끗한 냇가에 우뚝 솟아 있는 바위 절벽이 한 폭의 동양화가 따로 없을 정도로 아름다운 곳이다.

조선시대 서울에서 동래까지 영남대로의 중간쯤에 위치한 문경은 교통의 요충지였을 뿐만 아니라 전쟁이 일어나면 수많은 전투가 벌어진 군사적으로도 중요한 곳이었다. 또한 경상도 선비들이 서울로 과거를 보러 갈 때 추풍령이나 죽령, 문경새재를 넘어야 했는데 다른 고개보다 새재길

단양팔경 사인암

을 가장 애용했다고 한다. 이러한 문경에 온천이 있다는 사실을 아는 사람은 그리 많지 않을 것 같다. 문경하면 새재, 왕건촬영지, 옛날의 탄광지대, 이쯤 생각나지 않을까? 하지만 중부내륙 고속도로가 완전 개통이 되고 지방 자치단체에서 적극적으로 관광개발에 힘쓴다면 멀지 않아 영주나 안동권 못지않은 관광지로 부상할 것이다. 특히 시에서 계획 중인 골프장이나 스키장이 생기고 현재 운영되고 있는 문경온천, 클레이 사격장, 패러글라이딩 활공장 등이 활성화 되면서 각종 레포츠 시설이 추가로 들어선다면 사계절 종합 휴양지로 각광을 받을 것이다.

　　문경온천은 서울 충주 쪽에서 올 때면 이화령 터널을 지나 문경시내 쪽으로 오면 쉽게 찾을 수 있다. 현재 1996년 11월에 개장한 문경온천과 그 옆에 민간기업이 운영하는 문경종합온천장이 있다. 두 곳 모두 수질과 성분은 똑같다. 이 온천의 가장 큰 특징은 한 온천에서 두 가지 온천 수를 즐길 수 있다는 것이다. 온

단양팔경 도담삼봉

천공이 2개가 있는데 하나는 칼슘 중탄산천이고 다른 하나는 알카리천이기 때문이다. 특히 칼슘 중탄산천의 경우 중생대에 생성된 불국사통 화강암과 그 위에 대석회암통이 덮고 있는 지반층에서 분출하는 온천물로 분출 이후 공기와 접촉하면 붉고 끈끈한 황토색 빛깔로 변하면서 석회암동굴의 종유석처럼 생긴 것이 탕 외벽에서 자라는데 국내 온천에서는 거의 볼 수 없는 신기한 광경이다. 직원들이 망치와 끌을 가지고 황토색 덩어리를 깨고 다니는 것도 이채롭다. 일본의 벳부 온천 못지않게 우수한 수질이라고 하니, 올 겨울 온천여행 계획이 있다면 가 볼만한 온천이다. 어제 오늘 소백산 자락에 위치한 단양과 문경을 둘러보았다. 백두대간의 깊이가 느껴지는 여행지가 아니었나 싶다. 요즘처럼 경기가 좋지 않아 모든 게 위축되고 날씨까지 추워 질 때면 모든 근심 잊어버리고 따뜻한 온천물에 몸을 담가보는 것도 좋을 것 같다.

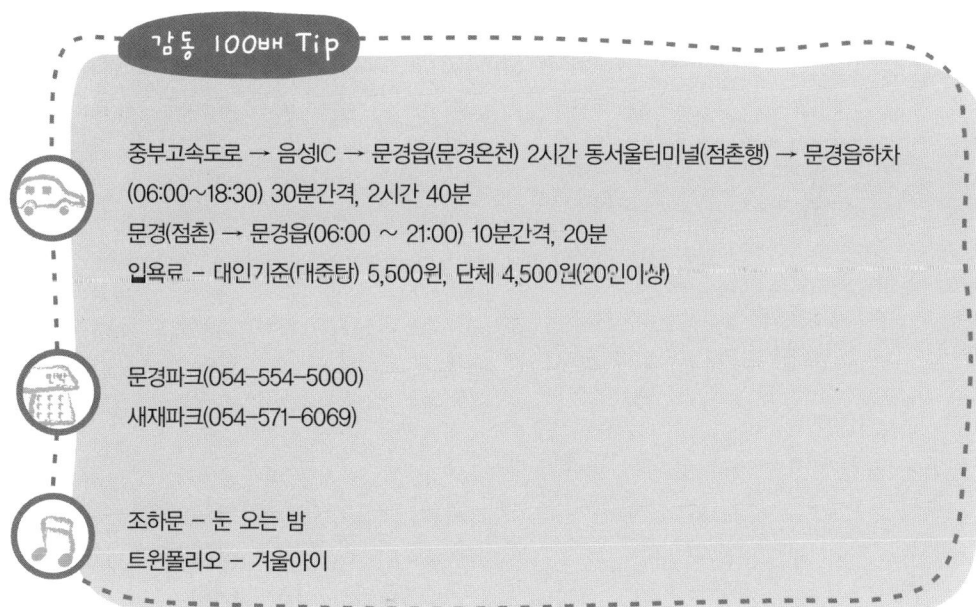

감동 100배 Tip

중부고속도로 → 음성IC → 문경읍(문경온천) 2시간 동서울터미널(점촌행) → 문경읍하차
(06:00~18:30) 30분간격, 2시간 40분
문경(점촌) → 문경읍(06:00 ~ 21:00) 10분간격, 20분
입욕료 - 대인기준(대중탕) 5,500원, 단체 4,500원(20인이상)

문경파크(054-554-5000)
새재파크(054-571-6069)

조하문 - 눈 오는 밤
트윈폴리오 - 겨울아이

잊지 못할 첫눈의 추억을 만들고 싶을 때...

월정사 **전나무 숲길,** 봉평 **허브나라**

눈을 기다린다. 눈이 빨리 와야 될 텐데. 애인이 있는 사람이라면 첫 눈을 맞으며 사랑하는 사람과 하루 종일 같이 보내고 싶은 마음에, 애인이 없는 사람은 눈을 핑계로 멋진 이성과의 만남을 기대하며 눈을 기다린다. 우리 같은 사람은 테마여행 겨울상품에 눈이 없으면 애로사항이 많아서 누구보다도 간절히 첫 눈을 기다린다.

학창시절 수업을 하다가 창밖으로 첫 눈이 내리면 누가 먼저라 할 것도 없이 모두가 '와 눈이다!'를 외치며 좋아하던 기억이 난다. 이렇듯 첫 눈은 늘 들뜨게 하고 새로운 설레임을 선사해서 꼭 여행 떠나기 전 기분과도 비슷하다. 첫 눈 오는 날, 우리나라에서 눈 내린 풍경이 가장 아름답다고 감히 말 할 수 있는 횡계, 진부. 그곳으로 떠나보라. 첫 눈처럼 순수한 자연이 그대를 기다릴 것이다.

순백의 동화풍경 오대산 전나무 숲길

하얀 피부의 늘씬한 미인을 연상케 하는 자작나무. 횡계, 진부에 가면 이 자작나무를 많이 볼 수 있어 좋다. 자작나무가 있는 풍경에 하얀 눈이라도 내리면 마치 러시아의 산골 마을에 온 듯한 착각이 들 정도로 이국적인 풍경을

冬 ...... Winter

선사한다.

    진부에서 오대산 월정사로 들어가는 길은 하얀 눈이 소복이 쌓여 있어야 제 맛이 난다. 녹음 짙은 여름, 그리고 단풍이·예쁘게 물든 가을도 좋지만 겨울에 찾아야 오대산을 제대로 구경하는 셈이다. 특히 오대산 월정사 들어가는 전나무 숲길은 우리나라에서 둘째가라면 서러워할 정도로 울창하고 아름다운 길이다. 지금은 우회도로가 새롭게 나서 무심코 지나치는 경우가 많은데 일주문에서부터 월정사까지의 숲길을 걷지 않는다면 오대산을 제대로 봤다고 말할 수 없다. 한겨울 눈이 쌓여서 길이 끊기고 온통 세상이 하얗게 변했을 때 오대산 월정사 전나무 숲길은 동화 속에 나오는 한겨울 풍경 그대로이다. 하얀 눈과 늘 사시사철 푸른 전나무와의 만남, 참으로 티 없이 맑다는 느낌이 이러한 것이구나를 느끼게 한다.

대관령 눈꽃축제가 열리는 횡계

　　서울에서 영동고속도로를 따라 장평, 진부를 지나면 대관령 못 미쳐 횡계 나
들목이 나온다. 용평 스키장 들어가는 초입마을로 예전에는 화전을 일구기도 하
고 근처의 황병산이나 발왕산에서 약초도 캐고, 산나물을 뜯어서 근근이 생활을
이어가던 전형적인 산골 마을이었지만 1975년 영동고속도로가 개통되고 발왕산
자락에 용평스키장이 개장되면서 급속도로 도시문화가 유입돼, 지금은 산촌의
모습은 찾아보기 힘든 전형적인 관광도시로 거듭나 있는 곳이다.

　　겨울에는 용평스키장을 찾는 관광객들을 상대로 장사를 하기도 하고 농번기
에는 고랭지 채소를 재배해 높은 수익을 올리기 때문에 이곳 주민들의 경제적 생
활수준은 웬만한 도시민들의 수입보다 높다. 그래서인지 젊은 사람들도 고향을
지키는 사람이 많다. 횡계에서는 일 년에 두 번 커다란 잔치가 열리는데, 겨울에

는 눈을 소재로 한 눈꽃 축전이, 가을철에는 감자의 본고장임을 알리는 강원감자 큰잔치가 열린다. 도암면 횡계 일대에서 펼쳐지는 대관령 눈꽃축제는 다양한 볼거리, 먹거리가 준비돼 있어 면소재지에서 개최되고 있는 축제치고는 상당한 수준의 지방 향토잔치로 자리잡아가고 있는 실정이다. 행사장에는 얼음으로 만든 각종 조각상이며 개 썰매장, 소가 썰매를 끄는 소발구, 그리고 눈이 많이 내렸을 때 발이 푹푹 빠지지 않게 하기 위해서 만들어 신었던 설피까지 한겨울을 나기위한 특이한 생활 도구들이 있어서 겨울철 산골문화를 체험할 수 있는 좋은 기회가된다. 마을 부녀회에서 운영하는 음식점에서는 감자를 원료로 해서 만든 토속음식을 맛볼 수 있어 입까지 즐거운 여행이다.

겨울철 순백의 순결함을 실컷 맛보고 싶다면

도암면 차항리에 가보라. 서울에서 평생 봐도 못 볼만큼의 눈을 감상할 수 있다. 해병대 겨울철 동계훈련장이 있는 이곳은 많게는 일년에 2미터 가까이 눈이 쌓일 때도 있으니 앞의 그 말이 과장만은 아니다. 갑작스런 도시문화가 들어오면서 산간마을의 순박함이 덜해진 아쉬움이 있지만 횡계 시내를 조금만 벗어나면 한가롭게 풀을 뜯고 있는 소 떼와 산골 풍경을 볼 수 있을 뿐만 아니라 흰눈이 펑펑 내려 온 목장이 하얀 눈 세상이 되면 아무 곳에서나 비료포대를 이용해서 눈썰매를 탈수 있는 곳이다. 또한 겨울철이 아니어도 평창군에서 적극 홍보하고 있는 HAPPY 700(해발 700미터 정도 되는 곳이 인간의 생체리듬을 가장 좋게 만든다 하여 지은 이름)도 경험해볼 만하다. 사시사철 어느 때고 바이오 리듬이 좋지 않다고 생각하는 사람들은 좋은 공기를 실컷 마시고 돌아올 수 있는 강원도 평창으로 떠나면 좋을 것 같다. 말 그대로 HAPPY 700은 시간문제.

눈이 내렸을 때 찾아도 아기자기하게 예쁜 봉평 허브나라

　　메밀꽃 필 무렵으로 유명한 봉평은 가산 이효석 선생과 관련된 문화유적 뿐만 아니라 율곡이이, 봉래 양사언의 발자취가 서려있는 곳이기도 하다. 하지만 최근에는 이러한 관광지와 더불어 회령봉(1309M) 서쪽 기슭에서 발원하여 청정 옥계수를 만들어낸 흥정 계곡가에 자리 잡고 있는 봉평 허브나라가 이 고장의 새로운 관광지로 부상하고 있다. 허브나라는 전원생활을 꿈꾸던 이호순, 이두이 씨 부부의 노력으로 가꾸어진 농원이다. 허브란 사람에게 유용한 향기가 나는 식물을 말한다. 라벤더, 로즈마리, 스피아민트 뿐만 아니라 쑥, 마늘, 파, 고추 등도

봉평 허브나라 겨울 풍경

허브에 속한다고 보면 된다. 입장료 1천원을 내고 안으로 들어가면 구역별로 수백 종의 허브를 심어놓고 이름과 학명, 원산지, 효능 등을 자세하게 적어 놓아서 관람객들의 이해를 높였다. 유럽식 별장처럼 지어놓은 식당 겸 기념품 판매장에는 허브를 이용해서 만든 각종 방향제 및 허브비누, 인형 등을 판매하고 있으며 한 쪽에서는 허브로 만든 음식을 팔고 있어 독특한 향과 맛을 즐길 수 있다. 봉평 허브나라는 분명 또 다른 세계이다. 사람이 가꾼 세상이지만 신이 주신 흥정계곡

의 맑은 물과 아름다운 산세가 있어 더욱 그 가치가 빛을 내는 것 같다. 허브에 관심이 없어도 좋다. 흥정계곡의 일급수를 보는 것만으로도 허브나라를 찾은 발걸음은 헛되지 않을 것이다. 봉평 허브나라의 경우 보통 가을철에 많이 찾지만 하얀 눈이 내렸을 때 흥정계곡안의 허브나라는 전혀 또 다른 세상이다. 앙증맞게 꾸며놓은 야외간판이며 눈사람이 가을하고는 전혀 다른 느낌을 선사한다. 허브가 좀 아쉽기도 하지만 실내전시관안에 화사한 허브며 향기로운 풀들이 많이 있기에 크게 걱정할 것도 없다. 동화 속 세상처럼 아기자기하게 꾸며놓은 허브나라의 겨울풍경은 오래도록 기억에 남을 것 같다.

첫 눈이 내리면 어딘가로 떠나든지 아니면 무심하게 일상을 보낼 수 있다. 아무렇지도 않게 평상시처럼 묵묵히 일만 하는 것도 괜찮겠지만 순수했던 어린 시절처럼 눈이 내리면 기뻐하고 설레이는 마음으로 아내에게 전화해서 '여보 창밖을 봐, 지금 눈이 내리고 있어!' 하며 전화를 할줄 아는 로맨틱한 세상이 됐으면 좋겠다. 올 겨울 첫 눈이 내리면 꼭 한 번 해보라.

"여보! 오늘 횡계로 번개여행 떠나볼까?!"

감동 100배 Tip

영동고속도로 → 진부 IC → 6번 국도 → 4km → 월정 3거리(월정주유소) → 좌회전 → 4km 북상 → 간평교 → 삼거리 → 좌회전 → 4km → 월정사 앞 주차장

호텔 오대산(033-330-5000)

오대산 식당(033-332-6888) - 산채정식, 산채비빔밥, 황태구이, 황태국, 동동주, 막걸리, 강냉이술

이정석 - 첫눈이 온다구요

아주 특별한
크리스마스를 꿈꿀 때...

환상의
태백산 눈꽃 트래킹

도시가 화이트 크리스마스가 될 기미가 없기에 '너를 위해 눈을 찾아 머나먼 여정을 떠나노라'며 호기를 부려도 아마 여자친구는 내심 기뻐할지 모를 일이다. 아니면 남자친구에게 눈 보러 떠나자고 해도 좋을 것 같다. '만약 여행지에 갔는데 눈이 내려서 화이트 크리스마스가 된다면 달콤한 키스를 해주겠노라'고 약속이라도 하면 벌써 함박 눈 이라도 내린 듯 남자 친구는 함박 웃음을 지을 것이다.

낙동강 발원지 황지

태백 번화가에 도심공원 형태로 자리 잡고 있는 황지연못은 사뭇 시원이 주는 신성함이라든가 고유성이 주는 희소가치에 잔뜩 기대를 하고 찾는 여행객에게는 적지 않은 실망감을 주는 곳이다. '낙동강 천 삼 백리에서 시작되다'란 비석마저 없었다면 도시 한 복판에 있는 이 연못에서 낙동강의 발원지라는 그 어떤 흔적도 찾기 힘들다. 꽤 넓은 폭과 3~4미터 정도 되는 듯한 못 위로는 두 개의 다리가 놓여져 있고 다리가

놓이기 전 연못을 건너다니던 징검다리가 인상적이다. 하루 5천통의 물이 용출되며 한국 명수 100선 중의 한 곳으로 선정된 곳이기도 하다. 평범하게 보이면서도 결코 평범하지 않은 곳이기에 태백을 찾는다면 꼭 한 번 찾아봐야 할 것이다.

눈부시게 아름다운 눈꽃 만발 태백산

까만 슬레트 지붕, 시커먼 시냇물로 연상되는 태백은 솔직히 관광에 있어서 만큼은 그리 유쾌한 도시로 인식되지 않는 것 같다. 하지만 제 한 몸 불살라 어둠을 밝히는 촛불처럼 조국 근대화를 위해 가진 것 다 퍼 줘 버린 뒤 탈진상태에 빠져 버린 태백을 찾을 때면 늘 미안한 감이 앞서는 여행이 되곤 했다. 막장의 그늘이 여전히 도심 깊숙이 자리 잡고 있지만 고원 관광도시로서의 재도약을 꿈꾸는 태백시민들에게 최근의 사북, 고한 지역의 스몰카지노 개장은 수많은 역기능에도 불구하고 사막의 오아시스처럼 희망으로 다가서고 있다. 허물을 벗는 듯한 겨울 자작나무의 추함 뒤엔 눈부신 여름날의 매끈함이 기다리고 있듯이 탄광촌 주민에게도 골고루 잘사는 세상이 하루빨리 왔으면 하는 바람이다. 흰 눈이 보고 싶어, 그리고 아내와 좀더 특별한 크리스마스를 보내고 싶어 태백산을 찾았다. 당골에서 태백산 정상에 오를 계획으로 태백시내에서 당골행 좌석버스를 탄다.

크리스마스 이브여서인지 당골지구에서도 방 구하기가 만만치가 않다. 다행히 좀 외진 민박집에 방이 있어 하룻밤 묵을 수 있었는데 명산식당 주인아저씨가 어찌나 따뜻한 마음을 가졌던지 영하 15도가 넘는 날씨에도 불구하고 너무도 훈훈한, 그리고 평생 잊지 못할 환상적인 산행을 할 수 있었다.
당골에서 올라가는 길이 힘드니까 유일사 쪽에서 올라가는 것이 눈길에 편한 산행이 될 것이라며 다음날 새벽같이 유일사 입구까지 바래다주신 순박한 산골 인심에 그만 태백 팬이 되고 말았다.

새벽 6시 50분, 앞을 분간하기 조차 힘든 지독한 폭설이다. 오르는 사람이 거의 없어 올라야 될지 말아야 할지 잠시 고민스럽다. 하지만 비가 와서 여행 안가고 눈 온다고 오르지 않는다면 언제 여행 떠나고 언제 산에 오른단 말인가. 앞서 간 희미한 발자국을 따라 긴 호흡을 내쉬며 산을 오르기 시작했다. 사람이 극도로 긴장을 하거나 흥분되면 육체적 피로를 빨리 느낄 수도 있지만 전혀 느끼지 못하는 경우도 있는 것 같다. 유일사 쪽에서 태백산 천제단 쪽으로 오르는 길이 완만한 등산로이기도 했지만 크리스마스 날 내리는 눈이었기에 어떻게 정상에 올랐는지 모를 정도로 환희의 상태로 올랐던 것 같다.

6부 능선쯤 오르자 언제 눈이 내렸나 싶게 파란 하늘이 보이기 시작하더니 투명한 겨울 햇살이 눈 위를 비추자 사진속이나 TV에서만 보았던 환상적인 눈꽃이 눈앞에 현실로 나타났다. 환희 그 자체이다. 특히 강인한 생명력으로 모진 삶의 끈을 놓지 않는 고고한 겨울 주목은 뼈

저린 인생의 의미까지도 느끼게 한다. 마치 가장 순수한 어린 시절로 돌아간 듯, 태백에 어두운 막장만이 있는 건 아니었다.

신이 주신 너무도 눈부신 순백의 터널이 그 곳에는 있었다. 마치 아주 화려한 뿔을 가진 선상의 사슴들이 겨울 산에 내려왔다가 흰눈을 맞고 얼어붙으면서 영혼만 하늘로 오르고 육신은 인간의 세계에 남겨둔 채 떠나 버린 듯한 겨울 풍경, 하얀 솜이불을 덮은 겨울가지들이 처음 눈꽃을 보는 나에게는 황홀함으로 다가왔다.

주목을 배경으로 수없이 셔터를 눌러대며 감탄사를 연발하는 사이 어느새 천제단이 있는 태백산 정상, 해발 1,560미터 태백산 정상에 있는 둘레 27미터, 폭 8미터, 높이 3미터 원형제단으로 위쪽으로는 하늘을 형상화한 원형이고 아래쪽은 인간세계를 나타낸 사각형으로 만들어진 천제단이 맨 먼저 눈에 들어왔다. 매년 10월 3일 개천절에 천제를 지내는 곳으로 유명하다.

아쉬움을 뒤로 한 채 당골방향으로 발길을 돌린다. 조금만 내려가다 보면 단종비각이 나오고 용정과 망경사 단군성전, 그리고 당골 매표소 300미터 못미쳐 동양 최대의 석탄 박물관이 나온다. 우리나라 부존 에너지 자원으로는 유일했던 석탄은 석유가 보편화되기 전까지 국민생활에 기여한 연료 공급뿐만 아니라 국

가 기간산업을 일으키는 데 중추적인 역할을 했던 자원이었다. 이러한 석탄산업의 변천사를 체계적인 동선으로 배치해 관람객들에게 한 발 다가서는 박물관이라는 평가를 받고 있는 곳이 태백 당골지구에 자리한 석탄박물관이다. 특히 놀이공원의 어드벤처관에 온 듯한 생동감있는 전시 효과는 관람객들의 호기심을 유발시키는데 한 몫을 단단히 한다. 아이들에게 교육의 장으로서 뿐만 아니라 재미를 느끼게 하는 살아있는 박물관이기에 꼭 한 번 들러볼 것을 권한다. 태백산 입장료를 끊으면 박물관 입장료는 무료이다.

태백산은 겨울에 찾아야 제격이다. 들판 한 평 찾아보기 힘든 육중한 첩첩산중의 깊은 맛도 좋지만 단 하나의 색감, 하얀색으로만 그려내는 겨울 동화의 풍경은 그 어떤 화려한 색보다 더욱 진한 감동으로 다가선다. 특히 붉은 빛 도는 주목의 생명력은 일반인들의 상상을 초월해 교조적이기까지 하다. 아! 얼마나 멋진 화이트 크리스마스인가, 몸은 비록 힘들었지만 아내는 평생 올해의 크리스마스를 잊지 못할 것 같다고 한다. 크리스마스에 색다른 추억을 만들고자 한다면 태백으로 떠나라.

감동 100배 Tip

중앙고속도로 서제천IC → 5번국도 → 제천 → 영월방향 38호 국도 → 영월 → 신동읍방향 31, 38, 59번 국도 병합구간 17.6km → 석항리에서 31번 국도로 우회전→11.2km → 녹전리 → 21km → 칠랑리 → 문곡소도동사무소 앞 좌회전 → 도립공원 제3주차장

호텔 메르디앙(033-553-1266)

그린피스 회관(033-552-8612) - 버섯전골, 오리불고기백반, 산채비빔밥
부초가든(033-553-9242) - 갈비, 삼겹살, 불고기백반
당골식당(033-554-0520) - 상황오리백숙, 한방백숙, 산채비빔밥, 해장국, 버섯전골, 감자전, 파전

김현철 - 크리스마스에는 축복을

새로운 출발을
앞두고 있을 때...

추암 바닷가와 정동진

서울 광화문에서 정 동쪽으로 위치해 있어서 정동진이란 이름이 붙었다. 이곳은 우리나라 뿐 만 아니라 세계에서 바다와 가장 가까운 곳에 역사를 가지고 있는 곳으로 유명하다. 하지만 무엇보다 〈모래시계〉 촬영 당시 고현정의 우수어린 표정과 함께 클로즈업된 고현정 소나무가 있어 정동진역은 연인들이나 삶에 지치고 힘들어하는 도시인들이 가장 가보고 싶어 하는 관광지로 발돋움했다.

역에 들어서면 우선 툭 터진 전망과 동해의 푸른 바다가 여행객들을 맞는다. 예전과 같은 한적한 시골역사의 맛은 덜하지만 고현정 소나무와 벤치, 그리고 쳐다만 보고 있어도 좋을 법한 바다가 있어 도시 사람들의 답답함을 풀기에는 그만이다. 또한 새벽 일출이 장관이어서 해마다 신년 일출 때면 수많은 사람들이 이곳을 찾는다. 해질 무렵 석양의 은은한 저녁바다도 색다른 낭만을 느끼게 한다. 여기서 잠깐, 정동진 마을의 역사를 더듬어 보자.

정동진은 예전에는 조그마한 어촌이었으며 근처에 광산이 있어 한 때는 그 인부들로 인해 번성하기도 했다. 하지만 광산이 폐광이 되고 일거리를 찾아 모여든 사람들이 하나 둘 떠난 이후로 급속히 퇴락해 조그만 역사를 가진 어촌으로 전락한다. 지금은 무궁화열차뿐만 아니라 해돋이 관광열차도 정차하지만 그때는

정동진 일출

비둘기 완행열차만 서는 역이었다. 그러다 90년대 들어 SBS에서 방영한 〈모래시계〉 촬영 이후 일반인들에게 조금씩 알려지게 됐으며 매스컴의 집중적인 보도와 철도청의 정동진 해돋이 관광열차 운행을 계기로 지금은 전국의 관광명소가 됐다.

하지만 이러한 유명세로 인해 예전의 분위기 있고 바다가 보이는 간이역의 낭만이 점차 사라져가는 모습이 안타까워 너무도 실망스럽다고 말하는 사람이 많다. 그리고 기대가 너무 컸기에 얻어갈 게 하나도 없다고 푸념들을 하기도 한다. 그렇지만 푸념하는 그대여! 얻어가려는 그 뭔가를 버리고 도심 속에서 쌓였던 삶의 찌꺼기들을 오늘도 말없이 의연한 모습으로 태백의 등줄기를 쓰다듬는 바다에 던지고 간다면 정동진에, 아니 바다에 간 반 정도의 목적은 이루어진 셈이 아닐까...

멋진 일출의 대명사 추암해돋이

8년째 동해 추암이라는 곳에서 신년 일출을 맞이했다. 한 곳에서 여덟 번이나 일출을 봤다고 생각하면 좀처럼 이해가 되지 않을 것이다. 나 자신도 언뜻 수긍이 가지 않는다. 정말 추암에서만 매년 새해 일출을 봤단 말인가. 심각하게 기억을 되짚어 보지만 역시나 맞다.

추암! 얼마나 대단한 곳이기에 이곳에서 일출을 8년 동안이나 봤단 말인가, 질긴 인연이다. 처음 추암을 봤던 때가 스물네 살 때였다. 배를 타던 동네 선배가 좋은 곳이 있다며 데리고 간 바닷가 추암이다. 그때만 해도 이곳을 찾는 사람은 거의 없었고 정동진이나 추암이 어떤 드라마나 영화에 나온 적도 없었을 때였으니 정말로 한적하게 동해 바닷가 경치를 구경할 수 있었다. 하지만 지금은 어떠한가. 정동진은 〈모래시계〉가 방영되면서, 추암은 〈겨울연가〉에 나오면서 유명세를 타기 시작해서 해마다 신년 일출 때면 수많은 관광객들이 추암 바닷가를 찾고 있다. 격세지감을 느낀다.

필자가 추암에서 8년 동안 신년일출을 봤던 이유는 테마여행 일을 하면서 해마다 많은 사람들을 모시고 이곳으로 일출여행을 왔기 때문이다. 날씨에 따라서 신년 일출여행에 참가하는 사람이 많을 때도 있었고 적을 때도 있었지만 늘 몇 백 명의 인원과 함께 동해로 넘어오면서 올해는 해가 꼭 떠야 될 텐데, 교통이 꽉 막히지는 말아야 될 텐데 하는 걱정 때문에 해뜨는 모습을 제대로 감상을 한 적이 없었던 것 같다.

어쩌면 일년을 이렇게 늘 바쁘게 시작했기에 오늘의 내가 있지 않았나 하는 생각도 해본다. 그래서 추암은 나에게 늘 도전이자 또 다른 시작점이어서 색다른 느낌이 드는 여행지이다.

세상 사람들은 신년이 다가오면 일출여행을 어디로 갈까 고민을 하다가 결국은 동해로 잡는 경우가 많다. 가장 먼저 떠오르는 해를 보겠다는 의지의 표현이다. 그래서 수많은 사람들이 교통 체증을 감수하고 머나먼 동해로 떠나는 것이다. 새로운 각오를 하기 위해, 지난 한 해 고통스럽고 짜증났던 기억들을 푸른 동해에 다 버리고 오기 위해 떠난다.

추암은 그래서 신년 새벽녘이면 늘 붐빈다. 애국가 속 일출장면이 나오면서 더욱 유명하게 된 곳이다. 그리고 해가 추암 끝에 걸리면 마치 촛불을 켜놓은 바위 같다고 해서 촛대바위라고도 불린다. 그곳에는 조선시대 선비 같은 꼿꼿함이 배어있다. 제각기 찾아온 관광객들에 조그마한 간이역이 있어 일출여행 기차를 타고 온 관광객들까지 합세하게 되면 그리 넓지 않은 동산이며 모래사장에는 사람들로 꽉 차서 발 디딜 틈이 없을 정도가 된다. 이러다 저 많은 머리에 가려 해 뜨는 것도 못 보는 것 아냐 하는 걱정이 들 정도로. 하지만 일출을 보기 위한 자리를 잡고 나면 모두들 경건하게 해를 기다린다.

1월 1일, 한겨울 바람은 왜 그렇게도 추운지, 한 번이라도 신년 일출여행을 떠나 본 사람이라면 그 심정을 알 것이다. 그래도 신년 일출에는 기다림의 미학이 있다. 날씨가 좋지 않아도 수많은 사람들은 꼭 해가 뜰 것이라는 희망을 가지고 자리를 뜨지 않는다. 구름 위에서라도 뜨는 경우가 많이 있기에 늘 바쁜 신년이었지만 나도 소원 하나 정도는 빌어본다.

'우리가족 모두 건강하고 행복하게 해주세요, 큰 소원 아니니까 들어 주시겠지요?'

수평선 끝이 점점 붉은 기운이 더해지면서 해가 금방이라도 뜰 것 같지만 무정한 해님은 쉽게 그 모습을 나타내지 않는다. 점점 한곳이 집중적으로 빨게 지면서 해가 올라올 위치를 누구나 쉽게 파악하게 될 때쯤이면 해가 뜰 시간이 머지 않았다는 표시이다. 이때부터는 옆 사람하고 대화가 점점 없어지기 시작한다. 그러다 빨간 해가 조금씩 비추기 시작하면 그 수많은 사람들의 입에서 탄성이 흘러나오는데, 이 소리는 가슴에서부터 우러나는 소리이기에 그 어떤 감탄사보다 진한 감동으로 다가온다. 그래서 늘 추암 백사장 남쪽 끝에서 일출을 바라 볼 때가 많다.

해가 뜨는 모습도 중요하지만 뜨는 해를 바라보면서 붉게 물든 수많은 사람들의 입에서 터져나오는 그 감탄사가 때론 더 깊은 감동으로 다가올 때가 많기 때문이다. 누가 뭐랄 것도 없이 모두가 하나가 되는 그 순간, 벅찬 감동이지 않은가.

수줍은 듯 새색시처럼 빠알간 해가 떠올랐다. 사람들은 해를 기다리면서 누적된 추위 때문에 금세 해변을 떠나버리지만 남쪽 백사장 끝에서 멀리 추암이며 동산, 그리고 활처럼 휜 해변가를 바라볼 때 그 경치야말로 추암의 가장 큰 볼거리가 아닌가 싶다. 여기에 하나를 더 추가한다면 파도가 밀려오는 모습과 장쾌한 파도소리이다. 동해 어디를 가서 이렇게 당당하고 힘찬 파도 소리를 들을 수 있단 말인가. 그래서 추암을 좋아한다. 동산과 해안을 향해 거칠게 없이 하얀 포말을 일으키며 밀려오는 파도의 모습은 무엇이라도 다 삼켜 버릴 듯하지만 정작 해

변에 다다르면 하얀 거품으로 사그라드는 추암의 파도는 인생의 의미를 다시 한 번 생각하게 한다.

세상사 다 부질없는 일, 그토록 치열하게 달려와 보지만 끝에는 아무것도 남지 않는 허무하기만한 인생이다. 하지만 추암의 파도는 어떠한가, 뻔히 알면서도 최선을 다해 정말로 거칠 것 없이 또 다른 삶을 위해 오늘도 힘차게 달리지 않는가. 새해 첫 날 힘찬 파도소리와 줄 지어 달려오는 하얀 파도 물결이 경이롭기만 하다.

감동 100배 Tip

승용차 : 동해고속도로 동해 종점(7번 국도) → 북평 → 동해시와 삼척시의 경계 지점
(추암해수욕장 입구-좌회전) → 추암
시외버스 : 동서울→시외버스터미널(1일, 11회 1시간 간격, 4시간소요)
고속버스 : 서울(강남,동서울)→동해시(1일 22회, 3시간30분)
철도 : 청량리→동해역/묵호역(1일 4회, 6시간소요)
도로안내 : 강릉시 → 강동면 → 통일공원(잠수함침투지) → 등명락가사 → 하슬라아트
월드 → 정동진역
현지교통 : 강릉시외버스터미널 〈──────〉 정동진역
시내버스 111, 112, 113번, 좌석버스 109번, 열차 이용

뉴 동해관광호텔(033-533-9215), 이스턴관광호텔(033-533-1930), 동해파크장(033-522-4668), 우림장(033-521-2443)

독립로 식당(033-522-2501)

들국화 – 행진, 김광석 – 이등병의 편지

대한민국 감동여행 Best 27

개정판 1쇄 인쇄 | 2008년 6월 30일
개정판 1쇄 발행 | 2008년 7월 7일

지은이 | 류동규

펴낸이 | 이재박
펴낸곳 | 이덴슬리벨
표지 디자인 | 디자인플랫
본문 디자인 | 김성엽
인쇄 | 천일문화사

출판등록 | 2004년 5월 13일 제16-3343호
주소 | 서울 종로구 삼청동 35-6 B1
전화 | 02-710-1731
팩스 | 02-720-1732
이메일 | fun@eatnsleepwell.com
홈페이지 www.eatnsleepwell.com

값 15,000
ISBN 978-89-91310-14-8 03980